Angelo Dalaguit
Mary Ann Dalaguit

Modelo de instrução para picos de energia

Angelo Dalaguit
Mary Ann Dalaguit

Modelo de instrução para picos de energia

ScienciaScripts

Imprint

Any brand names and product names mentioned in this book are subject to trademark, brand or patent protection and are trademarks or registered trademarks of their respective holders. The use of brand names, product names, common names, trade names, product descriptions etc. even without a particular marking in this work is in no way to be construed to mean that such names may be regarded as unrestricted in respect of trademark and brand protection legislation and could thus be used by anyone.

Cover image: www.ingimage.com

This book is a translation from the original published under ISBN 978-3-330-33647-6.

Publisher:
Sciencia Scripts
is a trademark of
Dodo Books Indian Ocean Ltd. and OmniScriptum S.R.L publishing group

120 High Road, East Finchley, London, N2 9ED, United Kingdom
Str. Armeneasca 28/1, office 1, Chisinau MD-2012, Republic of Moldova, Europe
Printed at: see last page
ISBN: 978-620-7-44656-8

PREFÁCIO

O brownout é uma queda súbita de tensão num sistema de fornecimento de energia eléctrica, intencional ou não intencional. O termo "brownout" vem da luz fraca produzida por uma incandescente durante o período de queda de tensão. O apagão refere-se a um corte de energia intencional ou não intencional, mas os repórteres dos meios de comunicação social ou as pessoas que vivem no local utilizam habitualmente o termo "brownout", que se refere a uma queda de tensão ou corte de energia intencional ou não intencional. O apagão e o corte de energia podem causar picos de tensão que podem danificar os electrodomésticos. Os picos de tensão podem ser prejudiciais para os electrodomésticos e os instrumentos eléctricos de uma indústria ou fábrica. O aumento da tensão acima da tensão normal de funcionamento dos aparelhos e dispositivos eléctricos pode provocar um arco de corrente eléctrica e o calor gerado pelo arco pode causar danos nos componentes electrónicos e eléctricos. Um pico de energia menor mas repetido pode ser a causa principal da paragem natural de diferentes aparelhos devido à deterioração dos componentes. Este pico de corrente pode ter origem no fornecedor de eletricidade durante a comutação de energia; outra causa comum de pico de corrente é o raio; o pico de corrente também pode ter origem em casa, quando um aparelho como o ar condicionado e o frigorífico necessita de uma grande quantidade de corrente, o que pode acontecer durante a ligação e o desligamento. As sobretensões de energia podem entrar em casa em muitas circunstâncias, como durante um relâmpago, quando atravessam o cabo do recetor de televisão ou da antena parabólica, ou através das linhas telefónicas de entrada, ou através das linhas de serviço elétrico de entrada da empresa de eletricidade.

A OBRA DOS AUTORES

RECONHECIMENTO

Os autores desejam expressar os seus sinceros agradecimentos ao Senhor Jesus Cristo por ter enviado o Espírito Santo que iluminou a sua mente e por ter tornado este trabalho um sucesso. À editora que contribuiu com mais esforço para que este livro fosse humildemente apresentado aos leitores.

À sua querida mãe, irmãos, irmãs, sobrinhos, sobrinhas, primos e familiares pela sua inspiração, compreensão e encorajamento e, finalmente, aos seus cunhados e cunhadas.

Uma menção especial é devida ao seu sobrinho Rico e aos autores dos materiais de referência que contribuem para tornar este trabalho possível.

A OBRA DOS AUTORES

DEDICAÇÃO

Este humilde trabalho é carinhosamente dedicado à nossa querida mãe. Aos nossos irmãos, irmãs, sobrinhos, sobrinhas, primos, parentes, aos nossos estudantes e especialistas, este livro é dedicado de coração.

A OBRA DOS AUTORES

ÍNDICE DE CONTEÚDOS

CAPÍTULO I
ANTECEDENTES

Introdução

A eletricidade é um fenómeno de partículas subatómicas carregadas, em repouso ou em movimento. A eletricidade constitui uma forma de energia altamente versátil. A eletricidade é uma necessidade na vida moderna. Desde a casa mais simples, passando pelas habitações mais elaboradas, até aos escritórios mais complexos e mesmo aos edifícios mais sofisticados, a eletricidade é um dos principais requisitos. A eletricidade é necessária para a iluminação. É utilizada para alimentar os electrodomésticos, os equipamentos de escritório, as máquinas industriais e outros.

Hoje em dia, a eletricidade é uma parte essencial da vida humana. Fornece muitas coisas valiosas sem as quais a vida na Terra se tornaria difícil. Permite-nos usufruir de alguns confortos. Facilita também a realização de determinadas tarefas.

Um pico de energia é basicamente um pico de energia que ocorre normalmente muito brevemente na corrente eléctrica doméstica, mas que pode causar danos nos aparelhos eléctricos domésticos. Ocorre quando o fornecimento de energia é elevado, especialmente após uma falha de corrente, e os aparelhos eléctricos e outros dispositivos electrónicos se ligam automaticamente.

Há várias causas de picos de energia em casa. Uma dessas causas são os frequentes cortes de energia quando ninguém desliga o disjuntor elétrico ou os aparelhos eléctricos e a energia eléctrica é ligada. Esta é a fonte de picos de energia que normalmente danifica os aparelhos eléctricos, consequentemente, quando a cablagem doméstica está defeituosa, o pior cenário é o incêndio devido à incapacidade de resistir aos picos.

A Cooperativa Eléctrica de Camotes (CELCO) é o único distribuidor de energia eléctrica nas Ilhas de Camotes. A National Power Corporation (NPC) fornece a energia eléctrica à CELCO. É uma triste verdade que os consumidores são frequentemente afectados por cortes de energia programados ou não programados ou, pior ainda, por apagões.

Os consumidores também sofreram picos de energia que danificaram aparelhos eléctricos, normalmente frigoríficos, quando o proprietário não desligou os aparelhos durante as falhas de corrente durante a noite. Esta situação pode causar incómodo e ansiedade aos consumidores.

Existe no mercado um protetor contra picos de energia para todo o edifício, especificamente para picos naturais, como os gerados por raios, que custam mais ou menos 1.000,00 dólares, dependendo da classificação em Joules, quanto mais alto, maior, mais caro, que a maioria dos assalariados não pode pagar.

É por esta razão que o investigador deseja produzir um dispositivo que possa proteger os picos de energia gerados por cortes de energia, que seja acessível mas eficaz.

Este estudo baseia-se na teoria da descoberta de Michael Faraday em 1821, que levou à invenção dos motores eléctricos. Michael Faraday descobriu que, quando um íman é movido dentro de uma bobina de fio de cobre, uma pequena corrente eléctrica flui através do fio. Faraday referiu que um campo magnético que muda subitamente pode criar, ou induzir, uma corrente eléctrica num condutor.

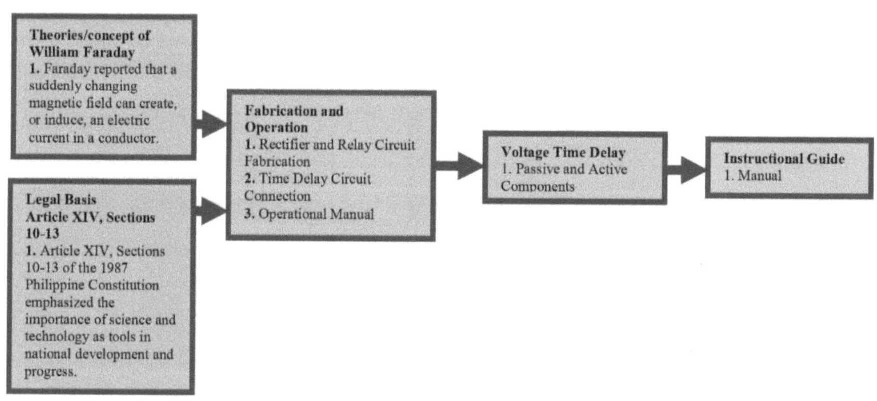

Quadro teórico

O artigo XIV, secções 10-13, da Constituição filipina de 1987 sublinha a importância da ciência e da tecnologia como instrumentos de desenvolvimento e progresso nacionais. O governo dá importância à investigação, invenção e inovação no domínio da educação e dos serviços através da extensão conduzida por diferentes universidades do país. O Estado também incentiva os particulares a participarem na aplicação da ciência e da tecnologia para obterem benefícios proporcionados pelo governo para o desenvolvimento do crescimento individual na sociedade. Através do esforço e da proteção do Instituto da Propriedade Intelectual das Filipinas, os inventores e os inovadores têm o direito de produzir a sua tecnologia, levando-a a ser comercializada, o que pode beneficiar o nosso governo através dos impostos.

A eletricidade é o fenómeno associado a partículas de matéria com carga positiva e negativa, em repouso e em movimento, individualmente ou em grande número. As propriedades das cargas eléctricas, das cargas em movimento que constituem as correntes e dos circuitos complexos de correntes são compreendidas de duas formas complementares. A visão mais antiga é em termos de teorias e leis que foram desenvolvidas a partir de experiências durante os últimos dois séculos num conhecimento em constante evolução. [th]O outro ponto de vista diz respeito ao espaço em torno da partícula de carga, chamado campo elétrico, e o conhecimento dos campos floresceu na segunda metade do século XIX. O estudo da eletricidade envolve, portanto, a estrutura da matéria e está intimamente relacionado com os aparelhos com os quais se estuda a eletricidade. Nunca ninguém viu uma carga eléctrica e, até este século, é impossível isolar cargas fundamentais isoladas e estudar o seu comportamento de determinadas formas que tenham em conta as cargas no instrumento de prova. Por conseguinte, parte da informação abrangida pela eletricidade foi obtida através de experiências, ou seja, através de perguntas como "Qual é a intensidade da força que actua entre duas cargas?"

Os fenómenos eléctricos e magnéticos estão indissociavelmente ligados entre si; além disso, a maior parte dos aparelhos utilizados diariamente, embora não todos, dependem de uma combinação de efeitos eléctricos e magnéticos.

A força magnética entre corpos magnetizados e as forças entre correntes eléctricas podem ser inter-relacionadas atribuindo a magnetização da matéria a correntes que circulam nos átomos da matéria.

A saída de uma fonte de alimentação deve estar livre de alterações súbitas que possam danificar o equipamento ou os componentes ou interferir com o seu desempenho adequado. O funcionamento de um sistema deve permitir a utilização plena e conveniente do equipamento elétrico atual e futuro. Um sistema de cablagem doméstica eficaz e eficiente depende de: circuitos suficientes de fios adequadamente grandes para alimentar as várias cargas sem queda de tensão não económica, um número satisfatório de tomadas para permitir a utilização conveniente do equipamento elétrico e materiais de alta qualidade e bom acabamento.

Além disso, foi referido que, no momento em que uma fonte de alimentação é ligada, ocorre um pico de corrente, mesmo sem nada ligado à saída da fonte. Isto deve-se ao facto de os condensadores de filtro necessitarem de uma carga inicial, pelo que consomem uma grande corrente durante um curto período de tempo. A corrente de pico é muito maior do que a corrente de funcionamento normal. Um pico de corrente extremo deste tipo pode destruir os díodos rectificadores se estes não estiverem suficientemente dimensionados e/ou protegidos. Este fenómeno é mais grave nas fontes de alimentação de alta tensão e nos circuitos multiplicadores de tensão. A falha dos díodos devido a picos de corrente pode ser evitada pelo menos de três formas: utilizar díodos com uma corrente nominal muitas vezes superior ao nível normal de funcionamento; ligar vários díodos em paralelo sempre que um díodo seja necessário no circuito. São necessárias resistências de compensação de corrente. A resistência deve ter valores óhmicos pequenos e idênticos. O díodo deve ser idêntico; e utilizar um circuito de comutação automática no primário do transformador. Este tipo de circuito aplica uma tensão de corrente alternada reduzida ao transformador durante um ou dois segundos e, em seguida, aplica a tensão de entrada total.

Uma fonte de alimentação é necessária em praticamente todas as aplicações mecatrónicas. Deve ser fiável e segura de utilizar, uma vez que é o coração do equipamento. Uma fonte de alimentação não condicionada pode danificar um dispositivo eletrónico.

A primeira lei da eletrostática: as cargas semelhantes repelem-se. Isto significa que quando dois electrões ou dois protões se juntam, as "cargas semelhantes" que se juntam afastam-se uma da outra. Enquanto a segunda lei: cargas diferentes atraem-se mutuamente. Os electrões negativos são atraídos para os protões positivos no núcleo de um átomo. Esta força de atração é equilibrada pela força centrífuga causada pela rotação do eletrão, o que faz com que os electrões permaneçam em órbita e não sejam atraídos para o núcleo.

A potência num circuito de corrente contínua é igual ao produto da tensão e da corrente. Por exemplo, uma tensão de 5 volts com uma corrente de 10 amperes é igual a 50 watts. Por outras palavras, a força eletromotriz é multiplicada pelo fluxo de electrões, o que resulta em watts de potência.

Um circuito é constituído por elementos eléctricos ligados entre si. Os circuitos eléctricos são utilizados na produção, transmissão e consumo de energia eléctrica e de energia. É um trajeto de corrente da fonte à carga.

Muitas vezes, as sobretensões não causam uma avaria imediata do equipamento elétrico e eletrónico; os danos ocorrem como um efeito cumulativo. O efeito das sobretensões de energia não pode ser detectado de imediato, mas pode encurtar a vida útil dos aparelhos eléctricos.

As sobretensões eléctricas são sobretensões transitórias que são conduzidas pelos fios e causam danos em computadores, modems, equipamento eletrónico e até motores eléctricos. Estas sobretensões prejudiciais são normalmente causadas pela iluminação ou pela comutação de cargas reactivas. Estas sobretensões são eventos transitórios: têm normalmente uma duração inferior a 0,001 segundos, nunca superior a alguns milissegundos, que é uma fração de um ciclo da tensão da rede de corrente alternada (CA). Os dispositivos de proteção contra sobretensões (DPS) desviam a corrente de sobretensão do equipamento vulnerável e são o principal meio de proteger o equipamento contra sobretensões. Os SPDs são divididos em duas classes: (1) para-raios, que são dispositivos de alta energia instalados perto do ponto onde os fios entram no edifício, e (2) supressores de surtos, que são dispositivos de baixa energia instalados perto do equipamento a ser protegido.

Muitos dos mistérios da falha de equipamento, do tempo de inatividade, do software e da corrupção de dados são o resultado de um fornecimento problemático de energia. Existe também um problema comum na descrição dos problemas de energia de uma forma normalizada.

A eletricidade é vital para a nossa vida quotidiana, mas o sistema elétrico envelhecido do nosso país é vulnerável a fenómenos meteorológicos extremos, que frequentemente provocam cortes de energia. A falta de eletricidade nas nossas casas, empresas, escolas e hospitais é, na melhor das hipóteses, inconveniente e, na pior, uma ameaça à vida.

As bobinas dos relés e dos contactores magnéticos são normalmente bobinadas com cobre magnético, que apresenta uma quantidade de temperatura positiva, uma vez que está ligado à tensão de alimentação. As bobinas magnéticas são alimentadas por uma tensão algo estável, pelo que, partindo do princípio de que a tensão de alimentação se mantém constante, o aumento da temperatura provocará uma maior resistência da bobina do contactor magnético e uma diminuição da corrente da bobina do contactor magnético, por outro lado devido à flutuação da tensão. A intensidade do campo magnético desse dispositivo depende diretamente dos amperes-voltas (AT), que são calculados pelo número de voltas da bobina do contactor magnético multiplicado pela corrente que atravessa a bobina do contactor magnético. Para que o contactor magnético funcione continuamente e se mantenha ao longo do tempo, é necessário manter sempre AT suficiente nas piores condições de temperatura, resistência da bobina, tolerância do enrolamento e tolerância da tensão de alimentação.

O número adequado de voltas da bobina é extremamente importante para o funcionamento adequado do contactor magnético e para o desempenho da carga. Por conseguinte, o número de voltas não pode mudar; a única aplicação flexível é a corrente da bobina do contactor magnético. A tensão de alimentação da bobina do contactor magnético também será diferente, uma vez que a fonte de alimentação varia ao longo do tempo devido à flutuação da pressão.

A temperatura ambiente é a temperatura na vizinhança do contactor magnético, que não é a mesma que a temperatura na vizinhança do conjunto ou invólucro que contém o contactor magnético e outros componentes electrónicos e eléctricos. Do mesmo modo, a temperatura inicial do contactor magnético e a temperatura ambiente inicial podem não ser exatamente as mesmas no início do ensaio, a menos que tenha passado tempo suficiente para estabilizar ambas as temperaturas. Uma vez que as bobinas e outros componentes têm massa térmica, deve ser dado tempo suficiente para que todas as temperaturas estabilizem antes de as medições serem registadas.

O pó ou outros contaminantes podem aumentar a resistência de contacto e gerar um estado de sobreaquecimento. Outra situação é a aplicação de uma tensão incorrecta na bobina do contactor magnético, que pode aumentar a temperatura e provocar o sobreaquecimento do contactor magnético. Uma ligação solta nos contactos do terminal cria um estado de sobreaquecimento do contactor magnético. Um fio incorreto utilizado na secção de instalação pode criar um nível de corrente desequilibrado que pode provocar o sobreaquecimento dos condutores com fio e, consequentemente, o sobreaquecimento do contactor magnético. Em caso de sobreaquecimento do contactor magnético, terá de somar a temperatura ambiente e o aumento da temperatura, uma vez que a temperatura ambiente é de 35°C adicionada ao aumento da temperatura dos terminais é de 65°C, o que equivale a 100°C, e então o seu contactor magnético não está a sobreaquecer.

Problema

O objetivo deste estudo é fabricar um dispositivo de atraso de tensão para o ensino da tecnologia eletrónica no Campus de São Francisco da Universidade Tecnológica de Cebu.

Especificamente, este estudo procurou responder ao seguinte:

1. Quais são as informações relacionadas com o fabrico do dispositivo de temporização da tensão no que respeita a:

    1.1.   requisitos técnicos em termos de

        1.1.1. conceção,

        1.1.2. materiais utilizados, e

    1.2.   testes?

2. Utilizando o dispositivo para o ensino da eletrónica, qual é o desempenho dos alunos, tal como demonstrado nos resultados do pré-teste e do pós-teste?

3. Com base nas conclusões, que guia didático pode ser proposto?

Hipótese

H$_{o1}$: Não existe uma correlação significativa entre o pós-teste e o pré-teste dos alunos.

Significado

O resultado deste estudo traria os seguintes benefícios

Governo. O resultado do estudo pode levar a uma maior produção do dispositivo, aumentando assim a tributação;

A escola. Através deste estudo, a escola poderia ser melhor equipada com informações mais relevantes para divulgação. As instruções nos diferentes estabelecimentos de ensino prestariam serviços eficientes aos alunos;

Produtores. Estes são beneficiados em termos de número de produção, uma vez que se registaria um aumento da procura;

Consumidores. Devido ao menor custo de produção, este dispositivo é acessível aos consumidores;

Professores. O resultado deste estudo dá aos professores a oportunidade de produzir um dispositivo de proteção contra sobretensões eléctricas. Para os professores, serve como material de referência e um guia básico para aprofundar os seus conhecimentos na construção do dispositivo;

Estudantes. Os resultados deste estudo permitem enriquecer os conhecimentos e as competências no domínio da eletrónica.

Métodos

Um método de investigação quase experimental é utilizado na realização do estudo que emprega a observação e os procedimentos laboratoriais. Os diferentes ensaios e testes foram efectuados e avaliados com base na sua função e condição de trabalho.

O principal objetivo deste estudo é criar um dispositivo de temporização da tensão para proteger os aparelhos eléctricos contra picos de energia ou picos devidos a falhas de energia a um custo acessível. Esta poderia ser uma base para a comercialização do produto.

Foram efectuados três testes e três ensaios com os mesmos componentes, cada um preparado e destinado a ser testado e analisado. Foram utilizados os mesmos materiais, ferramentas, equipamento e procedimentos durante toda a experiência. Foram efectuados três ensaios de modo a obter o resultado mais consistente possível do projeto. As amostras foram marcadas antes das diferentes réplicas e tratamentos sujeitos a testes com ohmímetro, voltímetro, amperímetro e temperatura. A função foi determinada fornecendo a tensão de entrada ao temporizador para ligar o contactor magnético com uma carga específica ou um dispositivo de consumo ligado para testar com base nas três réplicas e tratamentos.

Após o fabrico do retardador de tensão, foi realizado um pré-teste e um pós-teste a 46 estudantes como inquiridos para determinar a correlação significativa do estudo. Este estudo utilizou vários componentes electrónicos activos e passivos. Estes envolveram três testes com três ensaios em cada teste. O teste da temperatura, da corrente e da tensão foi o fator mais importante para determinar a eficácia do dispositivo. Foram efectuados pré-testes e pós-testes para determinar o nível de significância.

Fluxo do estudo

Os dados de entrada são as informações relacionadas com o fabrico do dispositivo de atraso de tensão, no que diz respeito aos requisitos técnicos em termos de conceção, materiais utilizados e ensaios. Os desempenhos dos alunos reflectem-se nos resultados do pré-teste e do pós-teste. O processo incluiu o procedimento de fabrico do dispositivo de atraso de tensão, a preparação dos materiais, a elaboração do questionário para o pré-teste e o pós-teste e a realização do pré-teste e do pós-teste. Inclui a análise utilizando os três testes com três ensaios para determinar a função. Quanto ao resultado, este inclui a formulação de um guia de instrução que pode ser utilizado para a licenciatura em Tecnologia Industrial na área da Eletrónica.

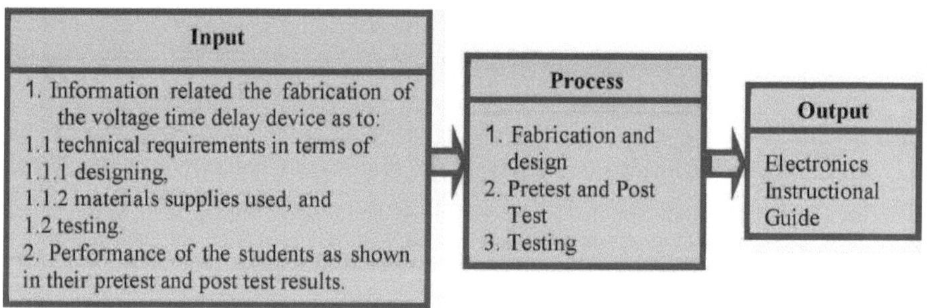

Ambiente

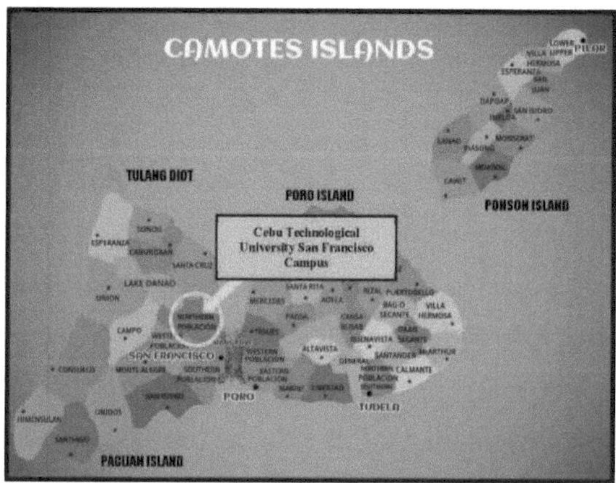

Este estudo foi efectuado no Laboratório de Tecnologia do Campus de São Francisco da Universidade Tecnológica de Cebu, em São Francisco, Cebu. Situa-se a cerca de um quilómetro e meio de distância da parte norte da cidade propriamente dita do município de São Francisco, província de Cebu, com 40 empregados, dos quais 25 são professores e 16 são funcionários. Oferece uma licenciatura em tecnologia industrial com especialização em tecnologia eletrónica (BSIT - ET), uma licenciatura em tecnologia industrial com especialização em tecnologia informática (BSIT - CT), uma licenciatura em ensino básico com especialização em ensino de conteúdos (BEED-CE), uma licenciatura em ensino secundário com especialização em matemática (BSED - Math), Bacharelato do ensino secundário em Tecnologia e Educação para os Meios de Subsistência - Tecnologia da Economia Doméstica (BSED - TLE HET), Bacharelato em Ciências da Pesca (BSFi) em Tecnologia Pós-Colheita, Tecnologia da Aquicultura e Pesca Marinha, este é um curso gratuito oferecido pelo Campus de São Francisco da Universidade Tecnológica de Cebu. Outro curso é a Licenciatura em Gestão Hoteleira (BSHM), o Certificado em Ensino Profissional (CPE), o Diploma em Ensino Processual (DPE) e o Mestrado em Ensino, com especialização em Administração e Supervisão (MaEd).

Inquiridos

Os inquiridos deste estudo foram os 46 alunos do curso de Licenciatura em Tecnologia Industrial com especialização em Informática. Eram os alunos que frequentavam as disciplinas de Eletricidade Básica e Eletricidade no primeiro semestre e
Eletrónica digital para o segundo semestre, respetivamente.

Course	Male	Female	Total
Bachelor of Science in Industrial Technology Major in Computer Technology	20	26	46

Tabela 1. Os inquiridos do estudo

Instrumento

A conceção deste estudo inclui o diagrama esquemático de um atraso de tensão ligado ao contactor magnético integrado e ao temporizador, o que inclui os três testes e três ensaios em cada teste e o questionário pré-teste e pós-teste. **Ferramenta estatística**

Para testar a relação entre o pré-teste e o pós-teste, foi utilizado o coeficiente de correlação e o teste t para testar a significância da relação entre o pré-teste e o pós-teste.

Procedimento de pontuação

Para calcular o pré-teste e o pós-teste dos inquiridos, foi utilizada a seguinte categoria para obter os resultados do teste.

Range	Category	Verbal Description
40 - 50	Superior	When the respondents got the highest score during the pretest and post test
35 - 39	Very Good	When the respondents got the average score during the pretest and post test
30 - 34	Good	When the respondent got the satisfactory score during the pretest and post test
25 - 29	Fair	When the respondents got the low score during the pretest and post test
0 - 24	Poor	When the respondents got the very low score during the pretest and post test

Procedimentos

As ferramentas, os materiais e o equipamento foram adquiridos diretamente pelo investigador em lojas de eletrónica ou de material elétrico e levados para o laboratório de eletrónica da Universidade Tecnológica de Cebu, Campus de São Francisco, em Cebu. Foram feitas três réplicas para se obter o resultado mais fiável. Apresentam-se aqui os diferentes procedimentos utilizados na construção dos modelos utilizados neste estudo.

Preparação da placa de circuito impresso. Preparar um esquema do circuito à escala real. Cortar a placa de cobre revestida no tamanho desejado com uma serra e lavar o lado do cobre com qualquer detergente de limpeza ou sabão para remover a sujidade da superfície. Cobrir a placa de cobre revestida com fita adesiva e traçar o esquema utilizando papel químico no lado de cobre da placa. Cortar o esquema e remover a parte desnecessária coberta com fita adesiva. Mergulhar a placa na solução de corrosão e colocar o lado de plástico da placa para baixo, de modo a que o lado de cobre não toque no fundo do tabuleiro. Retirar a placa da solução logo que a folha de cobre esteja completamente lavada. Remover também a fita adesiva ou a resistência com algodão ou um pano macio embebido em diluente de laca. Enxaguar a placa de circuitos impressos (PCB) com água e deixá-la secar. Marcar e perfurar os orifícios de ligação dos componentes necessários no lado de cobre, colocar os componentes correspondentes na placa de circuito impresso e soldar.

Fixação do contactor magnético e do relé de sobrecarga. Determinar o lado da linha e o lado da carga do contactor magnético e ligar o relé de sobrecarga ao lado da carga do contactor magnético.

Fixação do temporizador. Determinar as diferentes funções dos terminais do temporizador. Localizar a alimentação e os terminais para o contacto normalmente aberto. Fixar o temporizador ao contactor magnético que se encontra no diagrama esquemático e regular o temporizador para um nível de tempo desejado.

Teste de tensão. Defina o voltímetro para a tensão de Corrente Alternada (CA) para a gama mais elevada do seletor com base na tensão de saída esperada e ligue o interrutor principal e monitorize o atraso da saída de tensão.

Termos técnicos

Para facilitar a compreensão, os termos importantes são aqui definidos de forma operacional.

Temperatura ambiente. É a temperatura no ambiente do dispositivo de tempo de tensão, o que não é o mesmo que a temperatura no ambiente do conjunto ou invólucro que contém os diferentes componentes.

Apagão. Refere-se a um corte de energia intencional ou não intencional.

Brownout. É uma queda abrupta de tensão da fonte de alimentação, intencional ou não.

Contactor. Trata-se de um interrutor controlado eletricamente, utilizado para comutar um circuito elétrico e com correntes nominais mais elevadas do que um relé.

Corrente. Representa o fluxo de electrões com a aplicação de pressão ou tensão eléctrica.

Atraso. Tal como utilizado neste estudo, é a capacidade do dispositivo para adiar a tensão ou a corrente de entrada.

Sobretensão eléctrica. É o pico de energia eléctrica elevada da fonte de alimentação eléctrica para os aparelhos electrónicos após uma falha de corrente.

Função dos diferentes componentes. É a utilidade dos diferentes componentes para gerar a eficácia do dispositivo.

Relé de sobrecarga. Tal como utilizado neste estudo, um relé de sobrecarga abre um circuito quando a carga excede a corrente necessária para proporcionar proteção.

Desempenhos. Trata-se da avaliação da exatidão dos resultados dos diferentes tratamentos.

Potência. Reconhece a taxa de realização de trabalho. É a quantidade de energia consumida por um dispositivo elétrico por hora.

Dispositivo de proteção. Refere-se ao dispositivo para a proteção da carga eléctrica contra picos de energia após o corte de energia.

Relé. É um dispositivo elétrico que incorpora um eletroíman que é ativado por uma tensão e corrente num circuito para abrir ou fechar outro circuito.

Diagrama esquemático. É a disposição dos diferentes componentes do dispositivo.

Guia tecnológico. Trata-se de uma brochura que serve de guia para uma loja de eletrónica de pequena escala.

Temperatura. É a quantidade de calor gerada pelo dispositivo.

Atraso de tempo. É o período de tempo durante o qual a tensão e a corrente de entrada são atrasadas.

Temporizador. É um mecanismo automático para ativar o dispositivo a uma determinada hora.

Tensão. Tal como utilizada neste estudo, é a maior diferença efectiva entre pares específicos de condutores de circuito.

Estado de funcionamento. É a eficácia do dispositivo tal como funciona quando ligado ao aparelho elétrico.

CAPÍTULO II
INTERPRETAÇÃO DOS DADOS

Este capítulo apresenta a análise e a interpretação dos dados recolhidos com base nos diferentes testes e ensaios, que incluem o desempenho dos alunos durante o pré-teste e o pós-teste. Os dados recolhidos neste estudo foram organizados da seguinte forma: conceção do dispositivo fabricado de retardamento da tensão, materiais utilizados no fabrico do dispositivo fabricado de retardamento da tensão para o circuito retificador, análise do dispositivo fabricado de retardamento da tensão para a temperatura no ensaio um, seguido dos ensaios dois e três, resultados do desempenho dos alunos no pré-teste, resultados do desempenho dos alunos no pós-teste, teste de fiabilidade do desempenho dos alunos e coeficiente de correlação do desempenho dos alunos.

Informações relacionadas com o fabrico do dispositivo de atraso temporal de tensão para o ensino da tecnologia eletrónica

Requisitos técnicos

Quanto aos requisitos técnicos, trata-se dos três projectos e do fornecimento dos materiais a utilizar durante o fabrico.

Conceção. A Tabela 2 apresenta a conceção e as funções dos diferentes circuitos utilizados no fabrico do dispositivo de atraso de tensão fabricado para o ensino da tecnologia eletrónica.

Design	Number of Components	Function
Rectifier Circuit	7	Change Alternating Current to Direct Current
Relay Circuit	11	Switch for the Supply of the Timer
Time Delay Circuit	3	To Delay the Incoming Voltage

Tabela 2. Conceção do dispositivo de atraso de tempo de tensão fabricado

Este quadro mostra a conceção, o número de componentes e a função do dispositivo de temporização da tensão. Como se pode ver nesta tabela, o circuito retificador era uma combinação de 7 componentes electrónicos passivos e activos capazes de converter corrente alternada em corrente contínua. Os terminais anódicos dos díodos do circuito recolhem as cargas positivas da saída secundária do transformador de potência, enquanto os terminais catódicos dos díodos recolhem as cargas negativas da saída secundária do transformador. Como a corrente contínua (CC) pulsante se torna a saída do circuito, deve ser instalado um condensador de filtro em paralelo com o ânodo e o cátodo para obter uma corrente contínua (CC) pura. Outro é o circuito de relé que é uma combinação de outros componentes electrónicos passivos e activos que podem acionar o interrutor para a alimentação do temporizador. O circuito de relé é um circuito eletrónico que pode atrasar a tensão de entrada da fonte em alguns segundos para evitar possíveis danos no temporizador. E o circuito de retardamento é uma combinação de três partes eléctricas que atrasam a tensão de entrada dos dispositivos de consumo. Este circuito atrasa a tensão de alimentação em cinco minutos ou mais, dependendo da definição pretendida pelo utilizador, para evitar possíveis picos de tensão eléctrica que possam ocorrer durante a ligação súbita da tensão de alimentação.

Materiais utilizados. A Tabela 3 apresenta os materiais utilizados no fabrico do dispositivo de atraso de tensão para o ensino da tecnologia eletrónica para o circuito retificador.

Number	Items/ Description for the Rectifier Circuits
1	3 Amperes Power Transformer
4	1N4001 Rectifier Diode
1	2200µf/ 25V Electrolytic Capacitor
1	1KΩ ½ Watt Fixed Resistor

Tabela 3. Materiais utilizados no fabrico do dispositivo de atraso de tempo de tensão para o circuito retificador

O quadro mostra os materiais destinados ao circuito retificador. Um transformador de potência de 3 amperes e 12 volts de corrente alternada é o coração do circuito retificador. Quatro díodos rectificadores com o valor de 1N4001 foram utilizados para converter a corrente alternada em corrente contínua. Um condensador eletrolítico com uma capacidade de 2200 micro farad e uma tensão nominal de 25 volts serve de filtro para o circuito retificador. E o último é o resistor fixo de 1KΩ ^ watt que é utilizado para consumir a tensão restante do condensador de filtro quando a fonte de alimentação é desactivada.

Table 4 mostra os materiais utilizados no fabrico do tempo de tensão dispositivo de atraso para o ensino da tecnologia eletrónica para o circuito de relé.

Number	Items/Description for the Relay Circuit
2	39KΩ ½ Watt Fixed Resistor
1	8.2KΩ ½ Watt Fixed Resistor
1	150Ω 1 Watt Fixed Resistor
1	100KΩ Trimmer Resistor
1	2N5060 Silicon Controlled Rectifier
1	1N4742A 1W 12V Zener Diode
1	1N4148 Switching Silicon Signal Diode
1	16µf/ 16V Electrolytic Capacitor
1	.01Mylar Capacitor
1	12V 3A Relay
1	Relay Socket
2	5 Grams Ferric Chloride

Tabela 4. Materiais utilizados no fabrico do dispositivo de atraso de tempo de tensão para o circuito de relé

Esta tabela mostra os diferentes materiais utilizados no fabrico do dispositivo de atraso de tensão para o circuito de relé. Duas resistências fixas de 39K ohms ^ watt, uma resistência fixa de 8,2K ohms ^ watt, uma resistência fixa de 150 ohms ^ watt são componentes do circuito cuja função é limitar a passagem de corrente para os condensadores e outros componentes. Uma resistência trimmer de 100K ohms utilizada para definir o tempo em segundos para ligar o interrutor do relé. O 2N5060, que é um retificador controlado de silício (SCR), é utilizado para controlar o funcionamento do relé que liga a linha um ao terminal dois do temporizador a partir do momento em que a alimentação é ligada. O díodo zener 1N4742A de um watt e 12 volts fixa a tensão através do circuito em 12 volts de corrente contínua (VDC), que é a tensão necessária para o circuito do relé. O díodo de sinal de silício de comutação 1N4148 é utilizado para evitar que o SCR se avarie. Um condensador eletrolítico com uma capacidade de

16 micro farad e uma tensão nominal de 16 volts e um condensador mylar de 0,01 são utilizados para carregar a corrente e as tensões no circuito do relé. O relé de 12 volts e 3 amperes com tomada é utilizado para ligar a linha que vai para o temporizador e para a bobina de retenção do contactor magnético.

Os dois pacotes de cloreto férrico com 5 gramas por pacote destinam-se a gravar durante o fabrico da placa de circuitos impressos (PCB).

Table 5 mostra os materiais utilizados no fabrico do tempo de tensão dispositivo de atraso para a tecnologia eletrónica instrução para o circuito de atraso temporal.

Number	Items/Description for the Time Delay Circuit
1	Magnetic Contactor (220 Volts Alternating Current 9 Amperes)
1	Overload Relay (9 Amperes)
1	Timer with Socket (220Volts Alternating Current)

Tabela 5. Materiais utilizados no fabrico do dispositivo de atraso de tempo de tensão para o circuito de atraso de tempo

Como se pode ver nesta tabela, os materiais utilizados no fabrico do dispositivo de temporização da tensão foram os seguintes: um contactor magnético de 220 volts e 9 amperes, que serve para acionar a fonte de tensão ligada ao dispositivo de consumo. O relé de sobrecarga, com uma corrente nominal de 9 amperes, destina-se a fazer face ao excesso de corrente que pode ocorrer no circuito, pelo que fica aberto. Para os 220 volts o temporizador com tomada destina-se à regulação do tempo a que o contactor magnético será ligado.

Table 6 mostra os materiais utilizados no fabrico do tempo de tensão dispositivo de atraso para o ensino da tecnologia eletrónica para os acessórios/materiais.

Number	Items/Description for the Accessories/ Materials
1	Toggle Switch
1	Rubber Grommet
1	Alternating Current (AC) Cord #16 with Male Plug
1	Copper Clad Board (2" X 3")
1	Alternating Current (AC) Outlet for Metal
1	Fuse Holder
1	Glass Fuse (10 Amperes)
1	Casing
1	5 Meters Solder (optional in terms of length)
1	Red Pilot Light
1	Green Pilot Light
14	1/8 X ¾ Bolt and Nut (optional in terms of number of pieces)

Tabela 6. Fornecimentos de materiais utilizados no fabrico do dispositivo de retardamento de tempo de tensão para os acessórios/materiais

A tabela mostra os acessórios/materiais utilizados no fabrico do retardador de tensão utilizado durante o fabrico. O interrutor basculante serve de interrutor de controlo de todo o dispositivo. O ilhó de borracha serve para evitar que o cabo de 220 Volts de Corrente Alternada (VAC) seja arranhado. O cabo de corrente alternada (CA) n.º 16 com ficha macho é utilizado para fixar o fio para ligações de 220 VAC. Uma placa de cobre revestida para fazer uma placa de circuito impresso à qual foram ligados diferentes componentes electrónicos. A tomada de corrente alternada para metal destina-se à linha à qual foram ligados os aparelhos electrónicos ou de consumo elétrico. O porta-fusível foi utilizado para segurar o fusível. O fusível de vidro de 10 amperes destina-se a proteger o circuito no caso de ocorrer um curto-circuito. O invólucro do dispositivo de temporização da tensão envolve os componentes para proteção. Os cinco metros de solda para fixar ligações permanentes sem a aplicação de um parafuso. A luz piloto vermelha é utilizada para indicar que a fonte de tensão está activada. Outra é a luz piloto verde que é utilizada para indicar que o contactor magnético está a funcionar. E os últimos foram catorze parafusos e porcas de 1/8 X % para fixar o transformador de potência, a tomada do relé, o temporizador, o relé de sobrecarga e o contactor magnético.

Ensaios

O objetivo é determinar a função do dispositivo de atraso de tensão fabricado em relação aos diferentes ensaios com diferentes dispositivos de consumo como carga. Isto inclui o ensaio um, o ensaio dois e o ensaio três.

Primeiro ensaio. A Tabela 7 apresenta os ensaios do dispositivo de atraso de tensão fabricado para três ensaios com a carga de um frigorífico, três computadores com impressora e fotocopiadora e uma unidade de ar condicionado.

Conforme refletido nesta tabela, com base na temperatura ambiente, a decisão foi normal para os três ensaios com a tensão de 220 Volts de Corrente Alternada (VAC) para o ensaio um. Para a tensão de alimentação, que era de 215 VAC, conforme refletido no ensaio dois, e de 220 VAC no último ensaio, isto indica uma tensão de alimentação ideal baseada em 3% de queda de tensão admissível numa linha. Isto indica que o atraso de tempo da tensão fabricada foi eficiente para o ensino da tecnologia eletrónica durante os ensaios.

Trials	**Testing One**			**4:00 P.M.**		
	Consuming Device	Voltage (Volts)	Current (Ampere)	Power (Watts)	Time (Hours)	Temperature (^{0}C)
Trial$_1$	One Refrigerator	220 VAC	0.81	178.2	8	36°C
Trial$_2$	Three Computers with Printer and Copier	215 VAC	0.89	191.35	8	34°C.
Trial$_3$	One Air Condition Unit	220 VAC	6.16	1355.2	8	35°C.

Tabela 7. Teste do Dispositivo de Atraso de Tempo de Tensão Fabricado Para o Temperatura para o ensaio um

Para o ensaio um, a carga era um frigorífico, a corrente era de 0,81 amperes, a potência era de 178,2 watts, o tempo era de 8 horas e a temperatura era de 36º C. Para o ensaio dois do mesmo teste, a carga eram três computadores com impressora e fotocopiadora, a corrente era de 0,89 amperes, a potência era de 191,35 watts, o tempo de duração era de 8 horas e a temperatura era de 34º C. No último ensaio, o terceiro, a carga era uma unidade de ar condicionado, a corrente era de 6,16 amperes, a potência de 1355,2 watts, o tempo de duração era de 8 horas e a temperatura de 35º C. A temperatura média para os três ensaios do teste um foi de 35º C e a decisão foi normal com base na temperatura máxima do contactor magnético que é de 100^0 C.

Segundo ensaio. A Tabela 8 apresenta os ensaios do dispositivo de atraso de tensão fabricado para três ensaios com a carga de um frigorífico, três computadores com impressora e fotocopiadora e uma unidade de ar condicionado.

Como refletido nesta tabela, com base na temperatura ambiente, a decisão foi normal para os três ensaios com a tensão de 218 Volts de Corrente Alternada (VAC) para o ensaio um, 220 VAC para o segundo ensaio e 218VAC para o último ensaio. Para a tensão de alimentação que estava a flutuar como refletido no ensaio um e três, isto indica uma tensão de alimentação ideal baseada em 3% de queda de tensão permitida numa linha. Isto indica que o retardador de tensão fabricado foi eficiente para o ensino da tecnologia eletrónica durante os ensaios.

Trials	Testing Two			4:00 P.M.			
	Consuming Device	Voltage (Volts)	Current (Ampere)	Power (Watts)	Time (Hours)	Temperature (^{0}C)
Trial$_1$	One Refrigerator	218 VAC	.72	156.96	8	34^0C
Trial$_2$	Three Computers with Printer and Copier	220 VAC	.7	154	8	32^0C
Trial$_3$	One Air Condition Unit	218 VAC	6.02	1312.36	8	32^0C

Tabela 8. Ensaio do dispositivo de retardamento de tempo de tensão fabricado para a temperatura do ensaio dois

Na primeira prova do teste dois, a carga era um frigorífico, a corrente era de 0,72 amperes, a potência era de 156,96 watts, o tempo era de 8 horas e a temperatura era de 34º C. Para o ensaio dois do mesmo teste, a carga eram três computadores com impressora e fotocopiadora, a corrente era de 0,7 amperes, a potência era de 154 watts, o tempo de duração era de 8 horas e a temperatura era de 32º C. No último ensaio, o terceiro, a carga era uma unidade de ar condicionado, a corrente era de 6,02 amperes, a potência de 1312,36 watts, o tempo de duração era de 8 horas e a temperatura de 32° C. A temperatura média para os três ensaios do teste dois foi de 32,67° C e a decisão foi normal com base na temperatura máxima do contactor magnético que é de 100⁰ C.

Três ensaios. A Tabela 9 apresenta os testes do dispositivo de atraso de tensão fabricado para os três ensaios com a carga de um frigorífico, três computadores com impressora e fotocopiadora e uma unidade de ar condicionado.

Como refletido nesta tabela, com base na temperatura ambiente, a decisão foi normal para os três ensaios com a tensão de 220 Volts de Corrente Alternada para o ensaio um, outro ensaio foi de 220 VAC para a tensão de alimentação e para o último ensaio a tensão de alimentação ainda era de 220 VAC. Isto indica que o tempo de atraso da tensão fabricada foi eficiente para o ensino da tecnologia eletrónica durante os ensaios.

Trials	**Testing Three**			**4:00 P.M.**		
	Consuming Device	Voltage (Volts)	Current (Ampere)	Power (Watts)	Time (Hours)	Temperature (^{0}C)
Trial$_1$	One Refrigerator	220 VAC	.83	182.6	8	35^{0}C
Trial$_2$	Three Computers with Printer and Copier	220 VAC	.79	173.8	8	35^{0}C
Trial$_3$	One Air Condition Unit	220 VAC	6.18	1359.6	8	36^{0}C

Tabela 9. Ensaio do dispositivo de atraso de tempo de tensão fabricado para a temperatura do ensaio três

Na primeira tentativa do teste três, a carga era um frigorífico, a corrente era de 0,83 amperes, a potência era de 182,6 watts, o tempo de duração era de 8 horas e a temperatura era de 35° C. Para o ensaio dois do mesmo teste, a carga eram três computadores com impressora e fotocopiadora, a corrente era de 0,79 amperes, a potência era de 173,8 watts, o tempo de duração era de 8 horas e a temperatura era de 35° C . No último ensaio, o terceiro, a carga era uma unidade de ar condicionado, a corrente era de 6,18 amperes, a potência de 1359,6 watts, o tempo de duração era de 8 horas e a temperatura de 36º C. A temperatura média para os três ensaios do teste três foi de 35,33º C e a decisão foi normal, com base na temperatura máxima do contactor magnético que é de 100º C.

Desempenho dos alunos

Esta parte inclui o desempenho dos alunos no pré-teste e no pós-teste durante a avaliação. O pré-teste é dado para determinar o quanto os alunos já aprenderam antes da instrução, enquanto o pós-teste é para determinar o quanto os alunos aprenderam após a instrução ter sido efectuada.

Desempenho no pré-teste. A Tabela 10 apresenta os resultados do desempenho no pré-teste dos alunos que utilizam o dispositivo de temporização de tensão para o ensino da eletrónica.

Range	Pretest	
	Frequency	Percentage
25 – 29	2	4.35
0 – 24	44	95.65
Total	46	100

Tabela 10. Resultados do desempenho dos alunos no pré-teste

Legenda: 30 - 34 - Bom

40 - 50 - Superior 25 - 29 - Razoável 35 - 39 - Muito bom 0 - 24 - Mau

Esta tabela revela os resultados do pré-teste de 46 alunos. Como se pode ver, apenas 2 alunos, ou 4,35%, conseguiram obter uma classificação razoável, enquanto quase todos, ou 95,65%, obtiveram uma classificação fraca no pré-teste. Isto implica que os alunos não têm conhecimentos sobre as funções dos diferentes componentes do dispositivo, nem sobre os materiais e métodos de construção do dispositivo.

Desempenho no pós-teste. A Tabela 11 apresenta os resultados do desempenho pós-teste dos alunos que utilizaram o dispositivo de atraso de tensão para o ensino da eletrónica.

Range	Post Test	
	Frequency	Percentage
40 – 50	9	19.565%
35 – 39	16	34.783%
30 – 34	13	28.26%
25 – 29	5	10.87%
0 – 24	3	6.522%
Total	46	100%

Tabela 11. Resultados do pós-teste do desempenho dos alunos

Legenda: 30 - 34 - Bom

40 - 50 - Superior25 - 29 - Razoável

35 - 39 - Muito bom0 - 24 - Mau

Esta tabela apresenta os resultados do pós-teste de 46 alunos durante a avaliação do dispositivo de temporização da tensão para o ensino da eletrónica. Para o pós-teste no intervalo de 40 a 50, a frequência foi de 9 e a percentagem de 19,565. Quanto ao intervalo de 35 - 39, a frequência foi de 16 e a percentagem de 34,783, respetivamente. Outros 13 para a frequência e 28,26 para a percentagem no intervalo 30 - 34. Para o intervalo 25 - 29, a frequência foi de 5 e a percentagem foi de 10,87. Quanto ao último intervalo, o intervalo 0 - 24, a frequência foi de 3 e a percentagem foi de 6,522. Conforme apresentado nesta tabela, dos 46 alunos que fizeram a avaliação pós-teste, 43 obtiveram a classificação de aprovado e apenas 3 obtiveram a classificação de fraco. Isto implica que a utilização do dispositivo como material didático pode ajudar muito a melhorar o desempenho dos alunos na aquisição de conhecimentos e competências.

Resultado da fiabilidade. A Tabela 12 apresenta os resultados da fiabilidade do teste de base sobre o desempenho dos alunos que utilizam o dispositivo de temporização de tensão para o ensino da eletrónica.

Test	Mean	Variance	Standard Deviation	Reliability of the Test	Interpretation
Pretest	17.91	15.47	3.93	0.30	questionable
Post Test	43.43	32.16	5.67	0.75	good

Tabela 12. Teste de fiabilidade quanto ao desempenho dos alunos

Legenda:

0,90 e superior - excelente0   ,61- 0,70- um pouco   baixo

0,81-0,   90-muito   bom   0,51-0, 60-precisa de revisão

0,71-0,   80-Bom0   ,50 ou inferior - questionável

Esta tabela apresenta o teste de fiabilidade relativo à avaliação do pré-teste e do pós-teste dos alunos que utilizam o dispositivo de temporização de tensão para o ensino da eletrónica. A média baseada em 50 itens foi de 17,91 para o pré-teste e de 43,43 para o pós-teste. Quanto à variância, 15,47 para o pré-teste e 32,16 para o pós-teste. Quanto ao desvio padrão, 3,93 para o pré-teste e 5,67 para o pós-teste. A fiabilidade do resultado do pré-teste é duvidosa, porque se deve aos conhecimentos prévios dos alunos. Os alunos ainda não tinham estudado o tema. Logo após o pré-teste, utilizando o dispositivo para instrução, o resultado da fiabilidade do pós-teste foi de 0,75, com a interpretação de bom. Isto significa que o instrumento de teste é bom para um teste na sala de aula, embora haja provavelmente alguns itens que poderiam ser melhorados.

Resultado do Coeficiente de Correlação. A Tabela 13 apresenta os resultados do coeficiente de correlação relativamente ao desempenho dos alunos que utilizam o dispositivo de temporização de tensão para o ensino da eletrónica.

Correlation Coefficient, r	Decision	Computed t test	Table Value		Decision
			0.01	0.05	
0.486	Moderate Positive	3.689	2.704	2.02	Significant

Tabela 13. Coeficiente de Correlação quanto ao Desempenho dos Alunos

Legenda:

Força de associação	Coeficiente, r	
	Positivo	Negativo
Baixa	0,1 a 0,3	-0,1 a -0,3
Moderado	0,3 a 0,5	-0,3 a -0,5
Muito elevado	0,5 a 1,0	-0,5 a -1,0

Esta tabela apresenta o coeficiente de correlação do desempenho dos alunos durante a avaliação pré-teste e pós-teste. Relativamente ao coeficiente de correlação com o valor de 0,486, a decisão foi moderadamente positiva com base no intervalo equivalente ao coeficiente de 0,3 a 0,5. Relativamente ao teste de significância utilizando o teste t, o valor calculado foi de 3,689, que foi maior do que o valor da tabela ao nível de significância de 0,01 e 0,05, pelo que a decisão foi significativa. Isto significa que a hipótese nula de não haver correlação significativa é rejeitada. O investigador não conseguiu apresentar provas suficientes para aceitar a hipótese nula.

CAPÍTULO III
RESULTADO

Este capítulo apresenta um resumo dos resultados, conclusões e recomendações com base nos resultados e nas informações apresentadas neste estudo.

Resumo

Após uma análise sistemática dos dados, foram encontradas as seguintes conclusões.

1. No fabrico do dispositivo de temporização da tensão de acordo com os requisitos técnicos.

1.1. A conceção, o número de componentes e a função do dispositivo de temporização da tensão O circuito retificador era uma combinação de 7 componentes electrónicos passivos e activos capazes de converter a corrente alternada em corrente contínua. Os terminais anódicos dos díodos no circuito recolhem as cargas positivas da saída secundária do transformador de potência, enquanto os terminais catódicos dos díodos recolhem as cargas negativas da saída secundária do transformador. O condensador de filtro foi instalado em paralelo com o ânodo e o cátodo para obter uma corrente contínua (DC) pura. Outro é o circuito de relé que é uma combinação de outros componentes electrónicos passivos e activos que accionam o interrutor para a alimentação do temporizador. E o circuito de atraso de tempo é a combinação de três partes eléctricas que atrasam a tensão de entrada dos dispositivos de consumo. Este circuito atrasa a tensão de alimentação em cinco minutos ou mais, dependendo da definição pretendida pelo utilizador, para evitar possíveis picos de tensão eléctrica que possam ocorrer durante a ligação súbita da tensão de alimentação.

1.2. Os materiais destinados ao circuito retificador foram: um transformador de potência de 3 amperes e 12 volts de corrente alternada, que serve de coração ao circuito retificador. Quatro díodos rectificadores com o valor de 1N4001, que foram utilizados para converter a corrente alternada em corrente contínua, e um condensador eletrolítico com a capacidade de 2200 micro farad com uma tensão nominal de 25 volts, que serve de filtro para o circuito retificador.

2. Houve uma flutuação da tensão, da corrente e da potência, mas foi ideal com base na queda de três por cento numa linha. A temperatura média para os três testes em todos os ensaios foi normal, com base na temperatura máxima do contactor magnético, que é de 100^0 C.

3. Utilizando o dispositivo para o ensino de eletrónica, o desempenho dos alunos no resultado do pré-teste mostra que quase todos, ou seja, 95,65%, obtiveram uma classificação negativa, o que implica que os alunos não têm conhecimentos prévios sobre as funções dos diferentes componentes do dispositivo, os materiais e os métodos da sua construção. O resultado do pós-teste, no entanto, mostra que dos 46 alunos, 43 obtiveram nota positiva. Isto significa que a utilização do dispositivo como material didático pode ajudar muito a melhorar o desempenho dos alunos na aquisição de conhecimentos e competências. A fiabilidade do teste com base no resultado do pós-teste foi de 0,75, o que é interpretado como bom. Isto significa que o instrumento de teste é bom para um teste na sala de aula, embora haja provavelmente alguns itens que poderiam ser melhorados. Ao testar a hipótese de não haver correlação significativa entre o pré-teste e o pós-teste aos níveis de significância de 0,01 e 0,05, o investigador não conseguiu apresentar provas suficientes para aceitar a hipótese nula.

Conclusão

Ficou estabelecido que o dispositivo de atraso de tensão é valioso para o ensino de eletrónica a estudantes universitários. Os conhecimentos e as competências obtidos pelos estudantes sobre os diferentes processos envolvidos durante o fabrico do dispositivo podem ajudar a desenvolver uma atividade empresarial para aumentar a redução da pobreza.

Recomendações

Com base nos resultados e conclusões deste estudo, sugerem-se as seguintes recomendações:

1. Informar os alunos aquando da realização de um exame.

2. Efetuar uma demonstração de retorno antes de proceder a uma avaliação após a demonstração com base no guia pedagógico proposto.

3. Seguir o procedimento indicado no guia didático proposto para a tecnologia eletrónica.

4. O dispositivo de ensino fabricado é recomendado para comercialização.

Proposta de Guia de Instrução para a Tecnologia Eletrónica

Introdução

A eletrónica é um conhecimento em evolução e contínuo para o qual as escolas devem fornecer guias de instrução suficientes para melhorar a aprendizagem dos alunos e produzir resultados de qualidade.

O guia didático ou material didático é um requisito essencial no domínio do processo de ensino. Os aspectos evolutivos dos alunos precisam de uma aparência visual ou real das coisas incorporadas no seu conhecimento crescente do que está incluído no currículo. A existência de guias de instrução suficientes pode proporcionar aos alunos uma educação de qualidade para desenvolver e manter o currículo. O manual do laboratório, o manual de instruções e os módulos são materiais primários utilizados no ensino que são fornecidos e criados pelos professores com o objetivo de desenvolver as necessidades dos alunos. Power point em computadores, dicionários electrónicos e ajudas visuais tradicionais, permitem que os alunos descubram as suas necessidades e orientações à medida que envelhecem numa sociedade heterogénea.

Os recursos para a instrução são limitados devido a muitas razões que se reflectem na qualidade do ensino. Os instrutores e professores aumentaram a oferta de manuais escolares para satisfazer as necessidades dos alunos, o que tem como objetivo a qualidade do ensino. Os recursos multimédia, os computadores e a Internet podem ser utilizados para apoiar a aprendizagem dos alunos, mas estes instrumentos são normalmente utilizados como apoio ao programa curricular e não como instrumento de aplicação do programa. Várias escolas não dispõem de financiamento adequado para adquirir os materiais necessários para satisfazer as necessidades dos alunos. Os alunos dessas escolas não dispõem de opções suficientes para apoiar os seus métodos de aprendizagem e as suas necessidades, de acordo com a evolução do currículo.

Os recursos numa sala de aula com Desenho Universal para a Aprendizagem (UDL) foram descritos como diferentes. Estes recursos serão utilizados para dar aos alunos vários conceitos de aprendizagem, tarefas de demonstração e ilustrações da ideia que aprenderam. Na sala de aula UDL, o ensino é mais flexível e proporciona comodidade a todos os alunos. Os instrutores que utilizam os princípios do UDL na sala de aula distinguem o facto de a instrução não ser concebida como um modelo único para todos.

Os princípios do UDL ajudam os professores a criar salas de aula onde os alunos podem utilizar as tecnologias para irem além de observadores académicos. Estes princípios fornecem um modelo para a aprendizagem auto-actuada e o acesso universal para todos os alunos, independentemente das deficiências dos alunos ou dos estilos de aprendizagem diferenciados e da etnia, todos os alunos precisam e têm o direito de aceder ao currículo e ao ambiente de aprendizagem.

Os recursos da sala de aula devem ser planeados, proporcionando aos alunos várias actividades que lhes permitam melhorar os seus conhecimentos e competências múltiplas. É importante escolher materiais que ajudem os alunos a reter a informação apresentada na aula, porque a aprendizagem é inútil se os alunos se esquecerem do que aprenderam.

Objetivo

A tecnologia é um conceito amplo que lida com a aplicação e o conhecimento de ferramentas, engenhocas, equipamento e artesanato, e com a forma como afecta a capacidade de organização e de adaptação a um ambiente em mudança. Na civilização moderna, é importante que a ciência e a tecnologia estejam interligadas para o desenvolvimento. A utilização da tecnologia pelas pessoas começa com a conversão dos recursos naturais em ferramentas simples e complicadas para substituir as actividades realizadas pelo homem. Na sociedade, a tecnologia tem ajudado a aumentar e a desenvolver actividades mais complexas no domínio da economia que mudam a vida das pessoas.

O principal objetivo de ter um dispositivo de temporização da tensão para o ensino da tecnologia eletrónica é melhorar e desenvolver as competências dos estudantes em eletrónica. Isto é importante para os estudantes como parte dos seus conhecimentos e competências crescentes, o que é muito útil durante o tempo em que entram no campo da sua especialização. Isto ajudará os alunos a compreenderem o efeito de picos de corrente eléctrica nos diferentes dispositivos de consumo elétrico.

Os materiais didácticos ou guias de eletrónica têm por objetivo desenvolver os conhecimentos e as competências do estudante no domínio da tecnologia eletrónica. Este guia ajuda o aluno a compreender e a fabricar um dispositivo que pode proteger contra picos de tensão ou picos eléctricos os diferentes dispositivos electrónicos e de consumo elétrico.

Clientes

Os beneficiários deste guia didático são os estudantes inscritos na tecnologia eletrónica. Não só os estudantes inscritos em eletrónica, mas pode ser utilizado por pessoas que sejam entusiastas da eletrónica ou da eletricidade. Este guia equipou ou melhorou os seus conhecimentos e competências em eletrónica e eletricidade.

Função do dispositivo de temporização da tensão

Um pico de energia é basicamente um pico de energia que ocorre normalmente muito brevemente na corrente eléctrica doméstica, mas que pode causar danos nos aparelhos eléctricos domésticos. Ocorre quando o fornecimento de energia é elevado, especialmente após uma falha de corrente, e os aparelhos eléctricos e outros dispositivos electrónicos se ligam automaticamente.

Há várias causas de picos de energia em casa. Uma dessas causas são os frequentes cortes de energia quando ninguém desliga o disjuntor elétrico ou os aparelhos eléctricos e a energia eléctrica é ligada. Esta é a fonte de picos de energia que normalmente danifica os aparelhos eléctricos, consequentemente, quando a cablagem doméstica está defeituosa, o pior cenário é o incêndio devido à incapacidade de resistir aos picos.

Os consumidores também sofreram picos de energia que danificaram aparelhos eléctricos, geralmente frigoríficos, quando o proprietário não desligou os aparelhos durante as falhas de corrente durante a noite. Esta situação pode causar incómodo e ansiedade aos consumidores.

É por esta razão que o investigador deseja produzir um dispositivo que possa proteger os picos de energia gerados por cortes de energia, que seja acessível mas eficaz. A principal função deste dispositivo é atrasar a tensão de alimentação de entrada, de modo a evitar picos de energia. Quando o dispositivo é ligado, são necessários vários minutos para aguardar a tensão de alimentação da carga, uma vez que esta foi atrasada pelo temporizador, razão pela qual este dispositivo protegeu o pico de energia, uma vez que a duração do pico de energia é de apenas alguns segundos.

Guia de lições para estudantes de tecnologia eletrónica

Lição 1. Funções dos diferentes componentes

Aula 2. Fabricação de Circuitos de Retificadores e Relés

Lição 3. Ligação de Cabos

Lição 4. Testando o Dispositivo

Intended Learning Outcome	Activity	Time
Lesson 1. Functions of the Different Components. At the end of the lesson the students must have: **A.** Conceptualized the different part and functions of the components.	**A.** 1. Conceptualizing the different part and functions of the components	2 hours
Lesson 2. Rectifier and Relay Circuit Fabrication. At the end of the lesson the student must have: **A.** Explained the preparation of the Printed Circuit Board.	**A.** 1. Preparing a full-scale foil pattern layout of the circuit as 2" X 3". 2. Cutting the copper clad board to the desired size with a hacksaw and wash the copper side with any cleaning detergent or laundry soap to remove surface dirt. 3. Covering the copper-clad board with masking tape and trace the layout pattern using carbon paper on the copper side of the board.	8 hours

Intended Learning Outcome	Activity	Time
	4. Cutting the layout pattern and remove the unnecessary portion covered with masking tape. 5. Immersing the board in etching solution and place the plastic side of the board down so that the copper side will not touch the bottom of the tray. 6. Removing the board from the solution as soon as the copper foil is completely washed away. 7. Removing the masking tape or the resist with cotton or a soft cloth dipped in lacquer thinner. 8. Cleaning the Printed Circuit Board (PCB) with water and let it dry. 9. Marking and drilling the required component lead holes on the copper side.	
B. Demonstrated in Mounting the Different Components in the Printed Circuit Board.	**B.** 1. Cleaning the printed circuit board leads holes and the leads of the components by the use of a sand paper. Because when the surface is dirty, the solder will not stick to the copper. 2. Using the preferred solder in electronics work, the 60% tin and 40% lead. 3. Checking the power of the soldering iron, the power of the soldering iron used in electronics activity is 30 to 40 or 60 watts if needed.	4 hours

Intended Learning Outcome	Activity	Time
	4. Cleaning the tip of the soldering iron by wiping with a sponge. A dry sponge will not clean the tip efficiently, and in case it is too wet this will lower the temperature of the tip making for an ineffective solder joint. 5. Wiping the tip on the moist sponge until it is clean. Continue wiping the tip while soldering a circuit board. 6. Bending the lead of the component using fine pliers so that it is easily slides into the holes of the printed circuit board. 7. Inserting the components to be soldered into the circuit board and bend the leads protruding from the bottom of the circuit board at an angle of approximately 45^0. 8. Holding the soldering iron at a 45^0 angle and heat both the lead and the copper simultaneously, touch the wire in the space between the iron tip and the lead terminal of the component in the copper board. 9. Keeping in touch with the soldering iron tip while moving the solder around the joint as it melts.	

Intended Learning Outcome	Activity	Time
	10. Removing the solder wire first and soldering iron next to avoid fitting in between the copper board and the solder wire. **11.** Cleaning the board with lacquer thinner using a brush to remove the flux residue and other contaminants. **12.** Inspecting for a good solder connection, solder joint should be clean, smooth and shiny.	
Lesson 3. Wiring Connection. At the end of the lesson the student must have: **A.** Demonstrated the Wiring Connection of the Voltage Time Delay Device	**A.** 1. Connecting the line one to the first contact terminal of the relay switch, then second contact terminal of the relay switch to terminal two of the timer and terminal A of the holding coil of the magnetic contactor. 2. Connecting line two to terminal 95 of the overload relay, then terminal 96 of the overload relay to terminal 8 and 7 to the timer, and terminal 6 of the timer to terminal B of the holding coil of the magnetic contactor. (Note: Code of the holding coil is not uniform)	2 hours
B. Demonstrated the Routing the Routing of the Magnetic Contactor	**B.** 1. Connecting the source and the load side of the magnetic contactor base on the manufacturer's code.	2 hours

Intended Learning Outcome	Activity	Time
	2. Using a screw driver to loosen the holding screws in the contact terminals for the wire. 3. Inserting the wires but note there should be no insulation is pushed into the contact terminals for the wires. 4. Making sure that no strands are protruding out from the contact terminals. 5. Tightening the screws on the contact terminals.	
Lesson 4. Testing the Device At the end of the students must have: **A.** Tested their Finished Output	**A.** 1. Testing the function and the voltage output using a multi tester. 2. Testing with a load of an incandescent lamp.	1 hour

CAPÍTULO IV
RESULTADOS DO ESTUDO

Foram apresentadas imagens dos diferentes componentes electrónicos e eléctricos para uma melhor compreensão do que se tratava. Também foram indicados métodos para o fabrico do dispositivo; as ligações e os testes foram fortemente especificados. Inclui os componentes electrónicos passivos e activos como a resistência, o condensador, o díodo, o transístor e o relé. O magnetismo, o contactor, o relé de sobrecarga e o temporizador são os componentes eléctricos mais importantes para o funcionamento do dispositivo de temporização da tensão. Os procedimentos devem ser seguidos de forma a evitar erros durante o fabrico, especialmente para os principiantes que pretendem fabricar o seu próprio dispositivo. Os métodos envolvidos no fabrico do dispositivo de temporização da tensão são muito importantes para a montagem da unidade. Devem ser determinadas mais funções durante o processo, de modo a obter um resultado de qualidade.

Seguem-se as etapas de fabrico do dispositivo no que respeita ao aspeto dos componentes, preparação dos materiais, fixação e teste. Testar a tensão de alimentação, a corrente e a temperatura são os principais passos para obter a eficiência do aparelho. As etapas de ensaio do aparelho são muito claras para os principiantes que pretendem construir o seu próprio aparelho ou produto.

No que respeita ao manual de instruções, são indicados vários problemas com possíveis soluções. Serve de guia para resolver pequenos problemas em caso de avaria. O manual é importante num aparelho porque serve de guia de funcionamento para os utilizadores. O utilizador pode determinar o funcionamento do aparelho se tiver conhecimentos sobre o manual de instruções.

Materiais utilizados no fabrico do dispositivo de atraso de tempo de tensão para o circuito retificador

Transformador de potência. Um componente eletrónico com dois enrolamentos, primário e secundário, que, por indução magnética, transforma um sistema de tensão e corrente alternadas noutro sistema de tensão e corrente, geralmente de equivalentes diferentes e com a mesma frequência. O transformador é uma aplicação importante da indutância mútua. Um transformador tem três partes importantes, nomeadamente: o enrolamento primário ou bobina primária, o enrolamento secundário ou bobina secundária e o núcleo. O objetivo do transformador é transferir energia da bobina primária para a bobina secundária onde a carga está ligada.

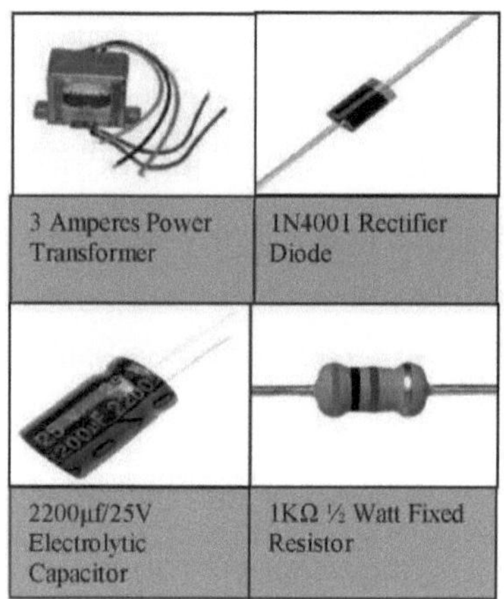

Díodo retificador. Outro componente eletrónico que permite a passagem de corrente num sentido, o ânodo para o positivo e o cátodo para o negativo.

Condensador eletrolítico. Os condensadores electrolíticos são condensadores polarizados com eléctrodos negativos e positivos, normalmente utilizados como filtro numa fonte de alimentação.

Resistência fixa. É utilizada para reduzir o fluxo de eletricidade num circuito. As resistências existem em tipos fixos ou variáveis. Uma resistência fixa não pode ser alterada, uma vez que está definida para um valor específico, enquanto uma resistência variável pode ser alterada consoante a configuração do circuito.

Materiais Fornecimentos utilizados no fabrico da tensão Dispositivo de retardo de tempo para circuito de relé

Resistência. A resistência de 39KΩ ^ Watt (R3) é utilizada para carregar o condensador eletrolítico de 100^f/16V (C1). A resistência R4 (8,2KΩ ^ Watt) serve para descarregar o condensador eletrolítico (C1) quando o retificador controlado por silício (SCR) já está em condução. A resistência R5 (39KΩ ^ Watt) é utilizada como resistência limitadora de corrente na porta do retificador controlado de silício (SCR).

Resistência de trimmer. Um trimpot ou resistência trimmer é um pequeno potenciómetro que é utilizado para ajuste, afinação e calibração num circuito.

Retificador controlado por silício. Um retificador controlado por silício é a designação comercial de um tipo de tiristor. Tal como utilizado neste estudo, o retificador controlado por silício (SCR) é utilizado para controlar o funcionamento do relé que liga a linha um ao terminal dois do temporizador a partir do momento em que a alimentação é ligada.

Díodo Zener. Um díodo zener permite que a corrente flua do seu ânodo para o seu cátodo como um díodo normal, mas também permite que a corrente flua no sentido inverso quando a sua "tensão zener" é atingida. Tal como utilizado neste estudo, o díodo zener fixa a tensão através do circuito em 12 Volts de Corrente Contínua (VDC), que é a tensão necessária para o circuito do relé.

Diodo de sinal. Este diodo é ligado à bobina do relé para reduzir a tensão de retorno Força eletromotriz (EMF) que pode ser desenvolvida pela bobina do relé e para evitar que o

Retificador controlado por silício (SCR) contra possíveis avarias.

Condensador eletrolítico. É utilizado para acionar o retificador controlado de silício (SCR) para condução total.

Condensador Mylar. Um condensador de Mylar é um condensador de uso geral utilizado em aplicações de corrente contínua.

Relé. É um dispositivo elétrico que incorpora um eletroíman que é ativado por uma tensão e corrente num circuito para abrir ou fechar outro circuito.

Tomada de relé. Tomada utilizada para ligar a linha que vai para o temporizador e para a bobina de retenção do contactor magnético.

Cloreto férrico. É utilizado para gravar durante o fabrico de placas de circuitos impressos (PCB)

Materiais Fornecimentos utilizados no fabrico da tensão
Dispositivo de retardo de tempo para circuito de retardo de tempo

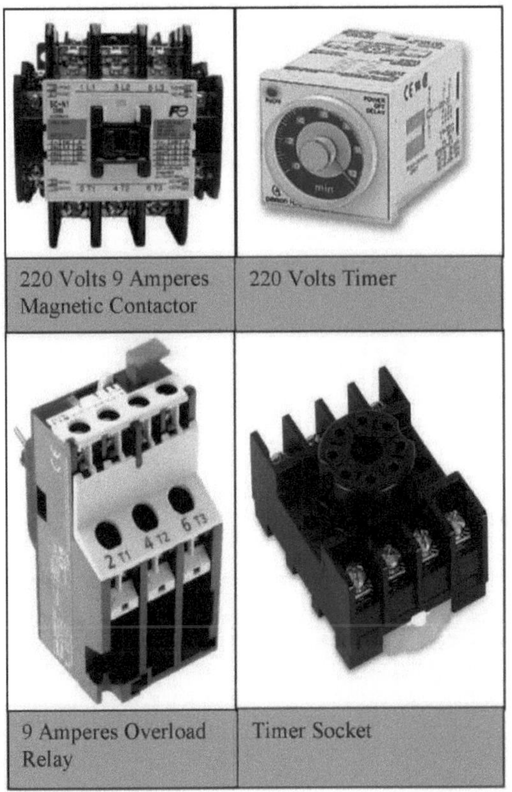

220 Volts 9 Amperes Magnetic Contactor	220 Volts Timer
9 Amperes Overload Relay	Timer Socket

Contactor magnético. Trata-se de um interrutor controlado eletricamente, utilizado para comutar um circuito elétrico e com correntes nominais mais elevadas do que um relé. É utilizado para controlar motores ou outros dispositivos eléctricos com maior necessidade de corrente.

Relé de sobrecarga. Tal como utilizado neste estudo, um relé de sobrecarga abre um circuito quando a carga excede a corrente necessária para proporcionar proteção.

Temporizador. É um mecanismo automático para ativar o dispositivo a uma determinada hora.

Tomada do temporizador. É uma cavidade artificial na qual o

terminais do temporizador foram inseridos.

Materiais utilizados no fabrico do retardador de tempo de tensão

Dispositivo para os acessórios/materiais

Interruptor de alternância. Um único interrutor utilizado para ligar ou desligar a tensão de alimentação.

Funciona como interrutor de controlo de todo o aparelho.

Ilhó de borracha. O ilhó de borracha é utilizado para evitar que o cabo de 220 Volts de corrente alternada seja arranhado.

Cabo AC #16 com ficha macho. É utilizado para ligar o dispositivo de temporização da tensão à fonte.

Placa de cobre revestida de 2" X 3". Utilizada para fazer uma placa de circuito impresso à qual foram fixados diferentes componentes electrónicos.

Tomada AC para metal. Uma tomada de corrente alternada (CA) fixada à caixa do dispositivo de temporização da tensão em que a carga está ligada.

Suporte de fusível. É utilizado para segurar o fusível de vidro.

Fusível de vidro. Dispositivo de segurança constituído por uma tira de condutor que derrete e interrompe o fluxo de electrões no circuito se a corrente exceder um nível seguro.

Invólucro. O invólucro do dispositivo de temporização da tensão envolve os componentes para proteção.

Solda. É utilizada para unir os diferentes componentes electrónicos de modo a formar um circuito.

Luz piloto vermelha. Tal como utilizada neste estudo, a luz piloto vermelha é utilizada para indicar que a fonte de tensão está activada.

Luz piloto verde. Tal como utilizada neste estudo, a luz piloto verde é utilizada para indicar que o contactor magnético está a funcionar.

Parafuso e porca. Tal como utilizado neste estudo, é utilizado para fixar os diferentes componentes do dispositivo de temporização da tensão.

Diagrama esquemático do dispositivo de atraso para circuito de relé com fonte de alimentação

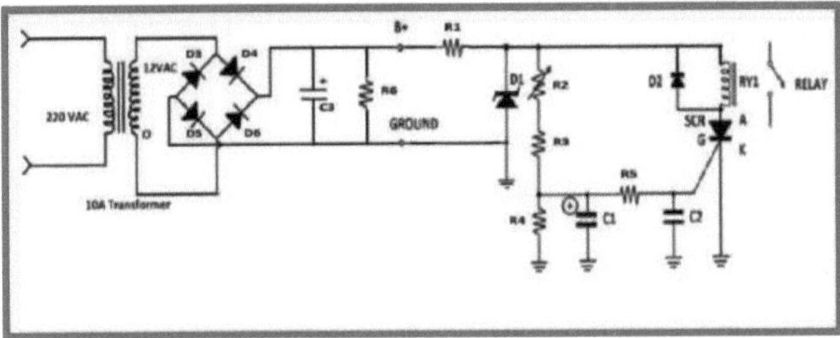

Components	Value
Power Transformer	3A 0-12VAC
Rectifier Diodes 3, 4, 5 and 6	1N4001
Fixed Resistor 1	150Ω 1 Watt
Fixed Resistor 2	100KΩ Trimmer
Fixed Resistor 3	39KΩ ½ Watt
Fixed Resistor 4	8.2KΩ ½ Watt
Fixed Resistor 5	39KΩ ½ Watt
Fixed Resistor 6	1KΩ ½ Watt
Electrolytic Capacitor 1	100µf/ 16V
Mylar Capacitor 2	.01
Electrolytic Capacitor 3	2200µf/ 25V
Diode 1	1N4742A 1W 12V
Diode 2	1N4148
Silicon Controlled Rectifier	2N5060
Relay	12V 3A Relay

O diagrama é a representação dos diferentes componentes electrónicos, quer sejam componentes passivos ou activos. É representado por símbolos conhecidos como símbolos electrónicos e não por imagens realistas. Estes dividem-se em dois diagramas esquemáticos principais, o diagrama esquemático para a fonte de alimentação e o diagrama esquemático para o circuito de relé. O circuito de alimentação é um circuito eletrónico que fornece energia eléctrica

para a carga. A principal função de uma fonte de alimentação é converter a corrente alternada

para corrente contínua ou, por vezes, designados por conversores CA. O circuito de relé é um circuito eletrónico que desliga ou liga o relé ao qual está ligada a tensão de alimentação do contactor magnético. A tensão de alimentação deste tipo de circuito de relé é de 12 volts de corrente contínua.

Padrão de folha do dispositivo de atraso para circuito de relé

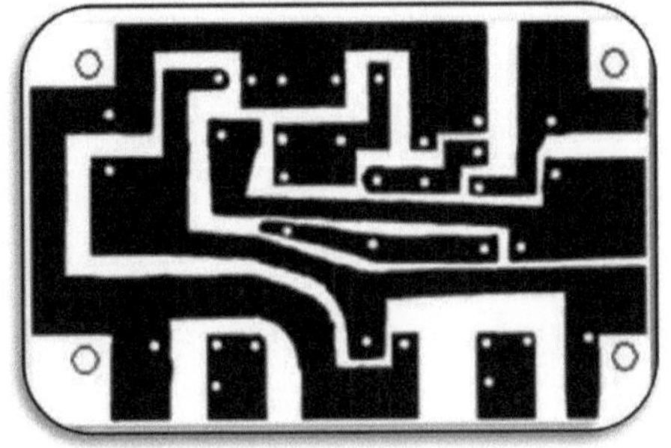

O padrão da folha de alumínio é a base de disposição do diagrama esquemático. É a ligação dos diferentes componentes que é impressa numa placa de cobre. Serve como padrão de folhas finas de cobre que servem de ligação num circuito, em vez de utilizar um fio como condutor. Um padrão de folha de alumínio pode ser produzido primeiro fazendo uma disposição manual com base na aparência real dos diferentes componentes electrónicos. Depois de fazer um esquema no papel, transferi-lo para a placa de cobre e cortar ou remover a área não coberta, o que pode ser feito utilizando uma fita adesiva ou uma tinta piloto à prova de água. Em seguida, proceder à gravação, que pode ser efectuada com cloreto férrico.

Componentes Colocação do dispositivo de atraso para o circuito de relé

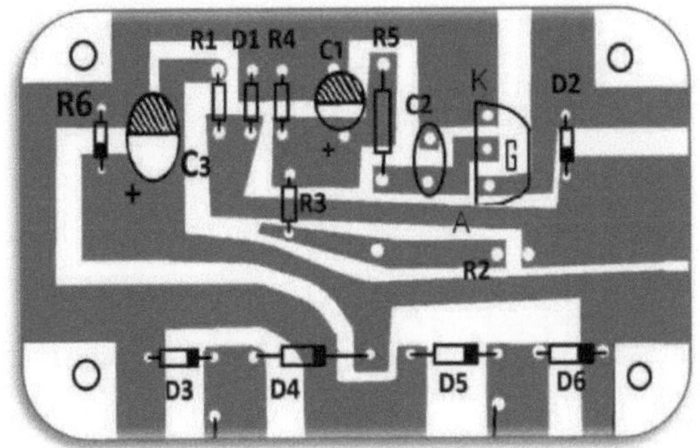

A colocação de componentes é um guia para colocar os componentes especificamente com base no diagrama esquemático e no padrão de folha. O posicionamento ou disposição correcta das diferentes peças é vista na colocação dos componentes.

Diagrama esquemático para circuito de atraso de tempo

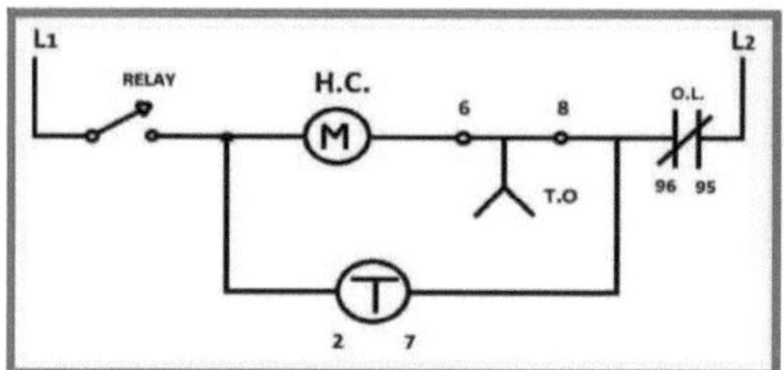

O diagrama para o circuito de atraso de tempo é o diagrama esquemático do circuito em que a função é atrasar o tempo. Este é o circuito no qual a carga está a ser ligada durante o funcionamento. Este circuito inclui os diferentes componentes, como o relé, o contactor magnético, o temporizador e o relé de sobrecarga. Neste diagrama esquemático não existe qualquer padrão de folha metálica porque os diferentes terminais estão diretamente ligados através de um fio, pelo que não é necessário ter uma placa de circuitos impressos (PCB).

Preparação da placa de circuito impresso

Cortar a placa de cobre com uma serra. Cortar a placa de cobre com uma serra com base no tamanho do esquema ou do padrão da folha e lavar o lado de cobre com qualquer detergente de limpeza ou sabão para remover a sujidade da superfície. Uma placa de cobre é utilizada para fazer um circuito impresso, geralmente em eletrónica.

Fixação da fita adesiva à placa de cobre. Tal como aplicado neste estudo, a fita adesiva foi utilizada durante o processo de gravação porque é um material à prova de água, o que é muito importante durante o processo de gravação. A fita adesiva, também conhecida como fita adesiva, é feita de um papel fino e fácil de rasgar e de libertar. Está disponível numa variedade de larguras ou medidas. É utilizada na pintura, na gravura ou em qualquer outra atividade em que sejam necessários materiais adesivos. Para o processo de gravação, é necessária uma largura de uma polegada. O adesivo utilizado no mascaramento não é prejudicial para o cobre, pois permite que a fita seja facilmente removida sem deixar resíduos ou danificar a superfície em que é aplicada. Esta fita está disponível em material didático ou em material eletrónico com diferentes larguras.

Cortar a parte desnecessária coberta com fita adesiva. Como a placa de cobre estava coberta por uma fita adesiva, traçar o esquema ou padrão utilizando papel químico no lado de cobre da placa. De seguida, proceder à remoção ou corte da fita adesiva na parte que foi exposta ao cloreto férrico durante a gravação. O cortador deve estar bem afiado para que a fita seja cortada sem problemas. Seguir o padrão ou a disposição correcta ajudá-lo-á a garantir que o seu trabalho está devidamente ordenado. Seguir a direção da área descoberta até atingir toda a parte exposta da placa de cobre que é importante durante o processo de gravação.

Colocar a solução de gravação na placa de cobre no tabuleiro. Utilizar um tabuleiro de plástico durante a gravação, uma vez que a utilização de um tabuleiro feito de metal deve ser evitada, pois o tabuleiro de metal será danificado pela solução de gravação. Como o cloreto férrico ou a solução de corrosão é adicionado à água, torna-se corrosivo para o cobre, o alumínio e a maioria dos metais. Mergulhe a placa na solução de gravação e coloque o lado de plástico da placa para baixo, de modo a que o lado de cobre não toque no fundo do tabuleiro.

Remoção da placa de cobre da solução de gravação. Colocar a placa de cobre 5 a 15 minutos na solução de corrosão. Balançar o tabuleiro lentamente para que a solução de gravura se mova lado a lado e seja suficiente para lavar a parte não coberta da placa de cobre. A inalação do pó pode irritar o nariz e a garganta, provoca irritação na boca e no estômago, o pó também irrita os olhos e o contacto prolongado com a pele provoca irritação e queimaduras. Retirar a placa da solução logo que a folha de cobre esteja completamente lavada.

Perfuração da placa de cobre para colocação de componentes. Remova a fita adesiva com algodão ou um pano macio embebido em diluente de laca. Lave a placa de circuitos impressos (PCB) com água e deixe-a secar. Marque e perfure os orifícios de ligação dos componentes necessários no lado de cobre. Colocar os componentes correspondentes na placa de circuito impresso e soldar.

Conjunto do circuito do relé

Soldar os diferentes componentes. A soldadura é o processo de juntar dois ou mais fios terminais de forma permanente com a utilização de solda. Utilize um grau de solda 60/40 e um ferro de soldar de 30 a 40 watts ou 60 watts se for necessário durante a soldadura.

Fixação do relé na tomada. Identificar os diferentes pinos terminais do relé e compará-los com os orifícios da tomada. Inserir o relé na base da tomada na configuração.

Perfuração da placa de cobre para montagem. A fixação da placa de cobre no invólucro necessita de um furo em ambos os lados da placa. O furo deve corresponder ao tamanho do parafuso que está a ser utilizado. Pode utilizar uma prensa de perfuração ou um berbequim elétrico manual durante a perfuração.

Montagem do circuito de retardamento de tempo de tensão

Fixação do relé de sobrecarga ao contactor magnético. Determinar o lado da carga e o lado da linha do contactor magnético. Existem sempre três terminais para montagem do contactor magnético e do relé de sobrecarga. Insira o relé de sobrecarga no lado da linha do contactor magnético para fixação.

Fixação do temporizador na tomada. Identificar os diferentes pinos terminais do relé de sobrecarga e compará-los com os orifícios da tomada. Inserir o relé na base da tomada na configuração.

Perfurar o invólucro. Normalmente, o invólucro necessita de diferentes orifícios para fixar a placa e os diferentes componentes. Pode utilizar uma prensa de perfuração ou um berbequim elétrico manual durante a perfuração.

Fixação do transformador de potência. O transformador de potência de 3 amperes deve ser bem fixado na caixa para evitar movimentos ou vibrações desnecessárias. Isto é muito importante para ter energia no circuito do relé. O transformador que está a ser utilizado neste estudo é um transformador de isolamento em que o secundário está separado da bobina primária.

Fixação do contactor magnético e do relé de sobrecarga. O contactor magnético incorporado e o relé de sobrecarga devem ser bem fixados, tal como o transformador de potência. O contactor magnético tem uma função importante no dispositivo. Para este estudo, a corrente nominal do contactor magnético é de 9 amperes com uma potência de 1980 watts.

Fixação do temporizador. O temporizador deve ser fixado na caixa, não como o relé de sobrecarga que está ligado ao contactor magnético. Para a instalação do temporizador, é necessário determinar a localização exacta dos diferentes números de pinos. Existem diferentes temporizadores disponíveis no mercado, dependendo da marca e do preço, mas têm a mesma função.

Fixação do circuito de relé. O circuito de relé é uma combinação de componentes electrónicos passivos e activos. Isto é muito importante no dispositivo de atraso de tempo de tensão porque a tensão de alimentação do circuito do temporizador é controlada pelo circuito de relé e deve ser fixada principalmente para evitar curto-circuito.

Fixação das ligações eléctricas. Ao efetuar a cablagem, certifique-se de que desliga a fonte de alimentação. A ligação eléctrica começa na tensão de alimentação, no relé, no lado da linha e no lado da carga, no temporizador e depois na saída da carga. Há vários aspectos a considerar na ligação dos cabos; um aspeto muito importante é evitar a perda de ligação. Verificar várias vezes a ligação correcta dos diferentes terminais de montagem para evitar junções erradas. Se não for aplicada a tensão correcta, as funções normais podem não funcionar, o que pode provocar danos ou incêndios no produto.

Fixação da caixa. O invólucro é feito de metal e é por isso que deve ser 100% perfeito em termos de instalação de cabos para evitar tocar a linha no invólucro metálico. O invólucro deve ter ventilação para que o ar possa passar para os diferentes componentes durante o funcionamento do dispositivo de temporização de tensão.

Testes após a montagem

Teste da função e da saída de tensão. Durante o teste, a unidade deve estar ligada à fonte. Esperar três minutos até que o contactor magnético se ligue e medir a tensão de saída. A definição do temporizador pode ser definida de acordo com as necessidades do utilizador. Se o utilizador pretender um atraso de cinco ou quinze minutos, deve calibrar a definição do temporizador. Para testar a saída de tensão, pode utilizar um multi-testador analógico ou digital. No caso de o contactor magnético não se ligar durante o teste, é nessa altura que deve rever a ligação dos diferentes componentes.

Teste com uma carga de uma lâmpada incandescente. Depois de testar a saída de tensão, pode proceder a outro teste carregando uma lâmpada incandescente. Ligar a lâmpada incandescente ao aparelho e depois ligar a unidade. Esperar três ou cinco minutos até que o aparelho se ligue. Quando o aparelho se ligar, a lâmpada incandescente emitirá uma luminosidade que é a indicação de que o dispositivo de temporização da tensão está bom. Utilize uma lâmpada de 220 volts no teste porque a tensão de saída do dispositivo é de 220 volts de corrente alternada (CA).

Testar o dispositivo utilizando um frigorífico

Teste da tensão de alimentação. O teste da tensão de alimentação é muito importante para determinar a diferença de potencial exacta. Utilize um multitestador digital ou analógico durante o teste. Neste estudo, o teste da tensão de alimentação foi efectuado na tomada de conveniência onde a carga foi ligada, utilizando um multitestador digital. Durante o teste, o valor da tensão para o teste um foi de 220 Volts de Corrente Alternada (VAC), para o teste dois o valor da tensão foi de 218 VAC e para o último teste foi de 220 VAC. A média foi de 219,33 VAC, como refletido nos ensaios um, dois e três, o que indica um fornecimento de tensão ideal baseado em 3% de queda de tensão admissível numa linha. Isto indica que o retardador de tensão fabricado foi eficiente para o ensino da tecnologia eletrónica durante os ensaios.

Medição da quantidade de corrente. A carga do temporizador de tensão foi um frigorífico. Durante o teste da corrente, foi utilizado um multitestador digital.

Durante o ensaio, a quantidade de corrente para o ensaio um foi de 0,81 amperes, para o ensaio dois a quantidade de corrente foi de 0,72 amperes e para o último ensaio foi de 0,83 amperes. A média foi de 0,79 ampere, conforme refletido nos testes um, dois e três.

Medição da quantidade de temperatura. Para medir a temperatura foi utilizado um termómetro industrial. A temperatura do primeiro teste foi de 36° C, a do segundo teste foi de 34^0 C e a do último teste foi de 35^0 C. A temperatura média para os três ensaios foi de 35° C e a decisão foi normal com base na temperatura máxima do contactor magnético que é de 100 C.^{0}

Testar o dispositivo utilizando três computadores com impressora e fotocopiadora

Teste da tensão de alimentação. O teste da tensão de alimentação é muito importante para determinar a diferença de potencial exacta. Utilize um multitestador digital ou analógico durante o teste. Neste estudo, o teste da tensão de alimentação foi efectuado na tomada de conveniência onde a carga foi ligada, utilizando um multitestador digital. Durante o teste, o valor da tensão para o teste um foi de 215 Volts de Corrente Alternada (VAC), para o teste dois o valor da tensão foi de 220 VAC e para o último teste foi de 220 VAC. A média foi de 218,33 VAC, conforme refletido nos ensaios um, dois e três, o que indica uma alimentação de tensão ideal baseada em 3% de queda de tensão admissível numa linha. Isto indica que o retardador de tensão fabricado foi eficiente para o ensino da tecnologia eletrónica durante os ensaios.

Medição da quantidade de corrente. A carga do temporizador de tensão era constituída por três computadores com impressora e fotocopiadora. Durante o teste da corrente, foi utilizado um multitestador digital. Durante o teste, a quantidade de corrente para o primeiro teste foi de 0,89 ampere, para o segundo teste a quantidade de corrente foi de 0,70 ampere e para o último teste foi de 0,79 ampere. A média foi de 0,79 ampere, conforme refletido nos testes um, dois e três.

Medição da quantidade de temperatura. Para medir a temperatura, foi utilizado um termómetro industrial. A temperatura do primeiro teste foi de 34° C, a do segundo teste foi de 32^0 C e a do último teste foi de 35^0 C. A temperatura média para os três testes foi de 34° C e a decisão foi normal com base na temperatura máxima do contactor magnético que é de 100 C.^{0}

Testar o dispositivo utilizando a unidade de ar condicionado

Teste da tensão de alimentação. O teste da tensão de alimentação é muito importante para determinar a diferença de potencial exacta. Utilize um multitestador digital ou analógico durante o teste. Neste estudo, o teste da tensão de alimentação foi efectuado na tomada de conveniência onde a carga foi ligada, utilizando um multitestador digital. Durante o teste, o valor da tensão para o primeiro teste foi de 220 Volts de Corrente Alternada (VAC), para o segundo teste o valor da tensão foi de 218 VAC e para o último teste foi de 220 VAC. A média foi de 219 VAC, conforme refletido nos ensaios um, dois e três, o que indica uma alimentação de tensão ideal baseada em 3% de queda de tensão admissível numa linha. Isto indica que o retardador de tensão fabricado foi eficiente para o ensino da tecnologia eletrónica durante os ensaios.

Medição da quantidade de corrente. A carga do temporizador de tensão foi uma unidade de ar condicionado. Durante o ensaio da corrente, foi utilizado um multitestador digital. Durante o ensaio, a quantidade de corrente para o ensaio um foi de 6,16 amperes, para o ensaio dois a quantidade de corrente foi de 6,02 amperes e para o último ensaio foi de 6,18 amperes. A média foi de 6,12 amperes, conforme refletido nos ensaios um, dois e três.

Medição da quantidade de temperatura. Para medir a temperatura foi utilizado um termómetro industrial. A temperatura do primeiro teste foi de 35° C, a do segundo teste foi de 32^0 C e a do último teste foi de 36^0 C. A temperatura média para os três testes foi de 34° C e a decisão foi normal com base na temperatura máxima do contactor magnético que é de 100 C.^{0}

MANUAL OPERACIONAL

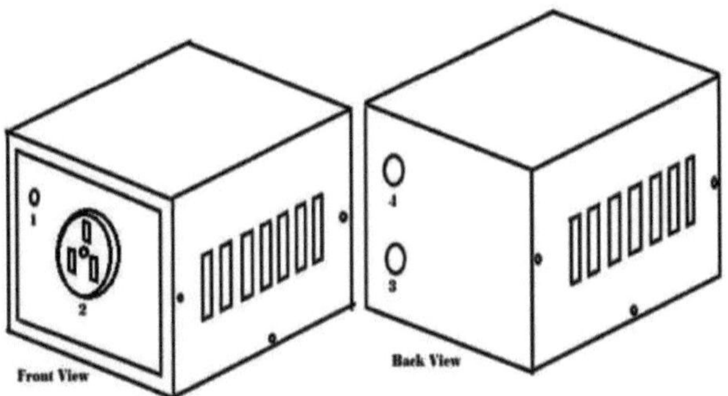

1- Interruptor de alimentação

2 - Tomada de conveniência

3 - Fusível

4 - Cabo CA

Procedimento.

- Ligue o cabo CA (4) do dispositivo de temporização da tensão à tomada eléctrica do edifício.

- Ligar a carga (frigorífico) à tomada de conveniência do dispositivo de temporização da tensão.

- Ligar o interrutor de alimentação do aparelho.

- Aguardar alguns minutos até que o contactor magnético se ligue.

- Quando o contactor magnético estiver ligado, ligar a carga (frigorífico).

Problemas técnicos

Problems	Possible Solutions
No Power	<ul><li>Check the Supply Voltage</li><li>Check the AC Cord</li><li>Check the Fuse</li><li>Check the Power Switch</li></ul>
With Power but the Magnetic Contactor will not turn ON.	<ul><li>Check the Wiring Connections</li><li>Check the Fixing of the Relay</li><li>Check the Fixing of the Timer</li><li>Check the Soldered Area of the Relay Circuit</li></ul>
The Voltage Time Delay Device is Good but the Load would not Function	<ul><li>Check the Convenience Outlet of the Device</li><li>Check the Load</li></ul>

Referências

Livros

Bart, Drubbel. 2003. The 21st Century Webster's International Encyclopedia 1st edition. Trident Press International. Nápoles, Flórida. Pp. 384.

Bederio, Conception L. Semion J. Dela Rosa, Jr. Henry F. Funtecha. Ma.Socirro C. Gicain. Martina M. Mendosa. 2004. Philippine Government and Constitution. Trinitas Publishing, Inc. Bulacan. Bulacan.Pp.

Dorft, Richard C. e James Svoboda. 2007. Introdução aos Circuitos Eléctricos.

Gates, Earl D. 2001. Introdução à eletrónica. Del Mar Thomson learning.

Gibilisco, Stan. 2007. Teach Your Self Electricity and Electronics [Ensine-se a si próprio Eletricidade e Eletrónica]. McGraw-Hill. Filipinas.

Groiler. 2006. Volume 3. O novo Livro da Ciência Popular. Scholastic Library Publishing, Inc., Filipinas. Filipinas. Pp522.

Kip, Arthur F. 2006.Volume 10.Encyclopedia Americana.Scholastic library Publishing Inc., Filipinas.

Kubala, Thomas 2009. Eletricidade 2: Dispositivos, Circuitos e Materiais. Del Mar, Cengage Learning.

Math, Erwin. 2007. Novo Livro do Conhecimento. Scholastic Library Publishing, Inc. Filipinas.

Novo Livro do Conhecimento. Volume 5E 2007. Scholarly Library Publishing, Inc.. Danbury, Connecticut.

Onwubolu, Godfrey C. 2015. Princípios e aplicações da mecatrónica. Elsevier Butterworth-Heinemann, Jordan Hall Oxford, Washington.

Revistas

Revista de Educação Moderna. março de 2016. Volume 6. Número 3. Academic Star Publishing Company. 228 East 45th Street, Ground Floor, #CN00000267, Nova Iorque, NY 10017.

Estudos de Educação Asiática. março de 2017. Volume 2. Número 1. July Press Pte. Ltd. 152 Beach Road, #14-03, Gateway East, Singapura 189721.

Fontes da Internet

Davis, Eddie. Nick Kooiman. Kylash-Viswanathan. Hughes Associates, Inc. Vancouver, Washington 98660 © outubro de 2014 Fire Protection

Research Foundation THE FIRE PROTECTION RESEARCH FOUNDATION ONE BATTERYMARCH PARKQUINCY, MASSACHUSETTS, U.S.A. 02169-7471.

Davis, Michelle e Steve Clemmer. 2014. Falha de energia. 1825 K St. NW, Suite 800 Washington, DC 20006-1232.

https://www.google.com.ph

Rose, D. H., & Meyer, A. (2006). A practical reader in Universal Design for Learning. Cambridge, MA: Harvard Education Press.

Schneider Electric . 2016. Porque é que o meu contactor sobreaquece. www2.schneider-electric.com/.../R028_Why_does_my_contactor_overh...

Seymour, Joseph. 2015. 7 Tipos de problemas de energia.

www.surgex.com/pdf/white.../APC_Whitepaper_UPS.

Standler, Ronald B. 2009. Consultoria sobre picos de tensão e energia eléctrica http://www.rbs2.com/pq.htm.

Conectividade TE. Compensação de tensão e temperatura da bobina .

www.te.com/commerce/.../DDEController?Action... Temp...

SOBRE O AUTOR

O Dr. Angelo B. Dalaguit é Professor Associado III e Presidente dos Serviços de Extensão da Universidade Tecnológica de Cebu, Campus de São Francisco, São Francisco, Cebu. Nasceu no dia 19th de setembro de 1970 em Teguis, Poro, Camotes,

Cebu, Filipinas. "Concluiu o primeiro ao quarto ano na Teguis Elementary School e na Poro Central Elementary School para o quinto e sexto ano. Concluiu o ensino secundário no Camotes Visayan Institute, Poro, Cebu. É licenciado em Gestão Tecnológica pelo Cebu State College of Science and Technology (CSCST) Main Campus, detentor de um mestrado em Educação com especialização em Administração e Supervisão pela mesma escola. Concluiu o seu Mestrado em Ensino Técnico em Tecnologia Eletrónica no Campus Principal da Universidade Tecnológica de Cebu (CTU). Licenciado em Tecnologia Industrial com especialização em Eletrónica Aplicada na Faculdade de Ciências e Tecnologia do Estado de Cebu - Faculdade Industrial e de Pescas de São Francisco, Cebu, é também licenciado em Tecnologia Industrial com especialização em Informática pela mesma escola.

Ter obtido aprovação no Licensure Examination for Teachers (LET), no National Certificate (NC) II Electrical Installation and Maintenance, no National Certificate (NC) III Electrical Installation and Maintenance e no National Certificate (NC) II Electronics Products Assembly and Servicing.

Nos últimos anos, no domínio do ensino, também participou em conferências internacionais como apresentador: durante o 3rd Simpósio Internacional sobre Aquicultura em Gaiolas na Ásia 2011: Securing the Future at Putra World Trade Centre, Kuala Lumpur, Malaysia; International Seminar on Marine Science & Aquaculture: Ocean Health & Our Future na Universiti Malaysia Sabah, Kota Kinabalo, Sabah Malásia e 1st ACPES' Conference 2015 no Sekaran Campus,

Semarang State University, Semarang City, Indonésia.

O Dr. Angelo B. Dalaguit tem publicações de investigação em revistas internacionais, tanto online como impressas, e estas são: Power Supply Problems: Proposta de Pacote de Extensão; Processamento de Tilápia (*Oreochromis Niloticus* Peters) Tocino: Transferência de Tecnologia; e Estimativa de Fios de Transformadores de Potência.

SOBRE O AUTOR

A Dra. Mary Ann L. Dalaguit é Professora Associada V e Directora da Escola de Pós-Graduação da Universidade Tecnológica de Cebu, Campus de São Francisco, São Francisco, Cebu. Nasceu no dia 13th de junho de 1957 em Himensulan, São Francisco, Camotes, Cebu, Filipinas. "Concluiu o ensino básico na San Francisco Central Elementary School. Concluiu o ensino secundário na

Escola Secundária Provincial de Camotes, São Francisco, Cebu. Obteve um diploma em tecnologia das pescas, com especialização em transformação de peixe, na Escola de Pescas Magsaysay, atualmente Universidade Tecnológica de Cebu (CTU), e concluiu a sua licenciatura em ciências da pesca na Escola de Pescas de Bohol, Cogton, Candijay, Bohol. Obteve o seu Master of Arts em Educação, com especialização em Administração e Supervisão, na University of Southern Philippines, Cebu City, e licenciou-se em Gestão Tecnológica na Cebu State College of Science and Technology (CSCST) Main Campus, atualmente CTU.

É aprovada no Conselho Profissional de Educação para Professores (PBET), no Exame Profissional de Carreira e na Licença de Tecnólogo de Pescas.

Nos últimos anos, no domínio do ensino, participou em conferências internacionais como apresentadora: durante o 3rd International Symposium on Cage Aquaculture in Asia 2011: Securing the Future at Putra World Trade Centre, Kuala Lumpur, Malaysia; International Seminar on Marine Science & Aquaculture: Ocean Health & Our Future na Universiti Malaysia Sabah, Kota Kinabalo, Sabah Malásia e 1st ACPES' Conference 2015 no Sekaran Campus, Semarang State University, Semarang City, Indonésia.

A Dra. Mary Ann L. Dalaguit tem publicações de investigação em revistas internacionais, tanto online como impressas, e estas são: Power Supply Problems: Proposta de Pacote de Extensão; Processamento de Tilápia (*Oreochromis Niloticus* Peters) Tocino: Transferência de Tecnologia; e Estimativa de Fios de Transformadores de Potência.

yes
I want morebooks!

Buy your books fast and straightforward online - at one of world's fastest growing online book stores! Environmentally sound due to Print-on-Demand technologies.

Buy your books online at
www.morebooks.shop

Compre os seus livros mais rápido e diretamente na internet, em uma das livrarias on-line com o maior crescimento no mundo! Produção que protege o meio ambiente através das tecnologias de impressão sob demanda.

Compre os seus livros on-line em
www.morebooks.shop

info@omniscriptum.com
www.omniscriptum.com

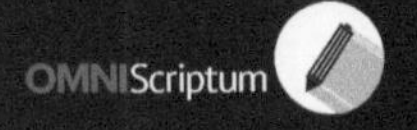

Printed by Books on Demand GmbH, Norderstedt / Germany